高等职业教育教材

化工安全生产实训

HUAGONG ANQUAN SHENGCHAN SHIXUN

梁利花　谢腾腾◎主编

化学工业出版社
·北京·

内 容 简 介

《化工安全生产实训》是顺应国家职业教育改革，树立以学习者为中心的教学理念，落实以实训为导向的教学改革的一本新型活页式教材。全书包括化工作业安全防护、意外伤害应急处置、化工生产典型事故（故障）应急处置、化工装置应急抢修作业和化工装置计划性检修作业五个项目，共 18 个工作任务。内容选取企业真实场景，以项目为引领，以任务为驱动，以技能训练为中心，突出实践能力的培养。

本书可作为高等职业教育化工技术类专业和相关专业的教材，也可作为各类化工应用型人才的参考书。

图书在版编目（CIP）数据

化工安全生产实训 / 梁利花，谢腾腾主编. -- 北京 ：化学工业出版社，2025. 8. -- (高等职业教育教材).
ISBN 978-7-122-48186-3

Ⅰ. TQ086

中国国家版本馆 CIP 数据核字第 20257AM103 号

责任编辑：熊明燕　提　岩　　文字编辑：王晶晶　师明远
责任校对：李　爽　　装帧设计：王晓宇

出版发行：化学工业出版社（北京市东城区青年湖南街13号　邮政编码100011）
印　　装：中煤（北京）印务有限公司
787mm×1092mm　1/16　印张9½　字数220千字　2025年9月北京第1版第1次印刷

购书咨询：010-64518888　　售后服务：010-64518899
网　　址：http://www.cip.com.cn
凡购买本书，如有缺损质量问题，本社销售中心负责调换。

定　　价：36.00元

前言

化工行业作为现代工业的重要支柱，在推动经济发展、满足社会多元需求的同时，其生产过程所涉及的复杂工艺、高危物料以及大规模装置等因素，也使得安全生产问题始终备受关注。在这样的行业背景下，为了满足高等职业教育化工技术类专业人才培养对化工安全生产实训的迫切需求，我们组织了高等职业院校的教师和企业的专家联合开发设计并编撰了这本《化工安全生产实训》教材。

本书共五个项目，分别为化工作业安全防护、意外伤害应急处置、化工生产典型事故（故障）应急处置、化工装置应急抢修作业和化工装置计划性检修作业。内容设计以化工岗位所涵盖的典型工作任务为引领，遵循由浅入深、循序渐进的原则，突出实践技能，理论教学与实操训练有机结合，强化学生知识应用和能力培养。

本书由青岛职业技术学院梁利花、谢腾腾担任主编；东营职业学院刘德志教授担任主审；青岛职业技术学院赵美法、侯同刚，潍坊职业学院吴晓静和青岛海湾化学股份有限公司张强慨担任副主编；参与编写的还有青岛职业技术学院董相军、管丽君、李韵，青岛海湾化学股份有限公司王志、刘国政，中国石化青岛炼油化工有限责任公司李文凯，秦皇岛博赫科技开发有限公司杜涛，青岛碱业发展有限公司张国华，青岛海湾精细化工有限公司孙玉宾和万华化学集团股份有限公司的李洪波。全书由梁利花统稿。

由于编者水平有限，书中难免有不足之处，敬请各位同仁和读者批评指正。

编者

2025 年 3 月

目录

参考文献

项目一

化工作业安全防护

化工作业环境中危险化学品（危化品）和有害因素较多，给作业人员的安全和健康带来威胁。近年来，各类化学品泄漏、爆炸事故频发，不仅造成了重大经济损失，更严重影响了人员的身体健康乃至生命安全。因此，提高作业人员的安全防护意识和技能，能够有效降低职业危害，减少事故发生的风险，保障作业人员的生命安全和身体健康。本项目紧密围绕化工作业安全防护的迫切需求，通过详细介绍化学防护服与呼吸器官防护用品的选择与使用方法，指导作业人员合理选择和使用防护用品，进一步提升作业人员的安全防护意识与技能水平。本项目包含两大任务：化学防护服的选择和使用以及呼吸器官防护用品的选择和使用。化学防护服方面，需了解不同类型防护服的性能特点、适用环境及穿戴方法；呼吸器官防护用品方面，则需掌握过滤式、隔绝式等不同类型防护用品的选用原则、使用方法及维护保养技巧。

本项目旨在通过系统化、专业化的培训，全面提升作业人员的安全防护技能，为化工作业环境的安全保驾护航。

任务一　化学防护服的选择和使用

一、学习情境

化工从业人员在作业场所及应急救援工作中可能接触到有毒有害化学物质，从而对人体造成急性或慢性伤害。化学防护服（防化服）是危险化学品作业人员必备的个人防护装备，能够有效防止有毒、有害物质对作业人员的伤害，保障作业人员的生命安全。作业人员应根据工作环境、危害程度和工作时长穿着不同类型和等级的防化服，同时佩戴其他必需的个体防护装备。在开始穿戴防化服之前，需要了解防化服的特性、使用范围和穿戴注意事项。

二、学习目标

知识目标

1. 了解防化服的作用和分类。
2. 熟悉防化服选择和使用的主要原则。

3. 掌握防化服的正确穿戴方法、脱卸规范流程和日常维护保养。

能力目标

1. 能够根据现场条件和工作任务，正确选择合适的防护服。

2. 能够在紧急情况下迅速判断并采取有效的防护措施。

3. 能够正确判断防护服的状态和性能，及时进行更换和维修。

素质目标

1. 能够分析生产过程可能对皮肤造成的伤害，提高对职业健康与安全的重视和责任感。

2. 培养于危险环境中保持冷静、果敢与专业的心理素质。

3. 培养团队协作精神和互助意识，在紧急情况下能够相互支持和协助。

三、任务描述

某化工装置在生产过程中发生了氯乙烯泄漏事故。氯乙烯是一种有害化学物质，其泄漏对生产现场的环境、设备正常运行及作业人员的健康和安全构成了严重威胁。泄漏的氯乙烯还可能通过空气传播，对作业人员的呼吸系统和皮肤造成伤害。面对氯乙烯泄漏的紧急状况，需要作业人员进入现场进行应急抢修。鉴于氯乙烯的毒性及腐蚀性，本小组需确保所有抢修人员均配备专业防护装备，在紧急情况下能够正确选择和使用防化服。

四、任务分组

人员分工见表 1-1。

表 1-1　人员分工表

成员	姓名	学号	角色分工
组长			
小组成员			

五、引导问题

事故案例：印度博帕尔毒气泄漏事故

1984 年 12 月 3 日发生在印度博帕尔的甲基异氰酸酯（methyl isocyanate，MIC）泄漏事故，是迄今为止最严重的工业安全事故。事故是由于储有 45 t 甲基异氰酸酯（MIC）气体的储罐泄漏，在工厂区上空形成了一个巨大的蘑菇状气柱，向四周扩散，笼罩的面积达 40 km^2，波及 11 个居民区。据印度官方统计，剧毒气体当即造成 4000 多人死亡，事件导致 20 万人致残，5 万人双目失明，有些人的鼻腔和支气管受到严重损伤。受这起事件影响的人口多达 100 万，约占博帕尔市总人口的一半。同时还有大批牲畜死亡，空气和水源受到严重污染，造成的经济损失难以估量。

问题 1：根据以上化学品泄漏事故的案例，分析危险化学品泄漏可能对人体造成的伤害，并提出防范措施。

问题 2：常见的危险化学品种类及其危害有哪些？

问题 3：化学防护服适用于涉及危险化学品生产、储存、运输、使用等环节的特种作业人员。化学防护服的作用是什么？

问题 4：除化学防护服外，常见的防护服还有哪些？分别具有哪些防护性能？

问题 5：化学防护服的选用原则有哪些？

问题 6：小组查找并观看防化服穿戴的视频，讨论并回答问题。

（1）防化服的正确穿戴要点有哪些？

（2）防化服的正确脱卸要点有哪些？

六、知识链接

知识链接 1：防化服的选择

根据作业场所的化学品种类、浓度、温度、压力等因素，选择合适的防化服类型。同时，要确保防化服符合相关标准和规范的要求，防化服应做到安全、适用。

① 危化品种类。针对不同的危化品种类，选择相应的防化服和防化用品。例如，对于酸性物质，应选择耐酸腐蚀的防化服和耐酸手套；对于易燃、易爆物质，应选择阻燃防护服和防静电服。

② 作业环境。根据作业环境的危险程度，选择相应的防护措施。例如，在密闭空间作业时，应选择配备呼吸器的防化服；在高温环境下作业时，应选择耐高温的防化服等。

③ 个人身体状况。考虑个人的身体状况和舒适度，选择适合自己的防化服和防护用品。例如，对于身材较胖的人员，应选择宽松舒适的防化服；对于有呼吸疾病的人员，应选择配备呼吸器的防化服等。

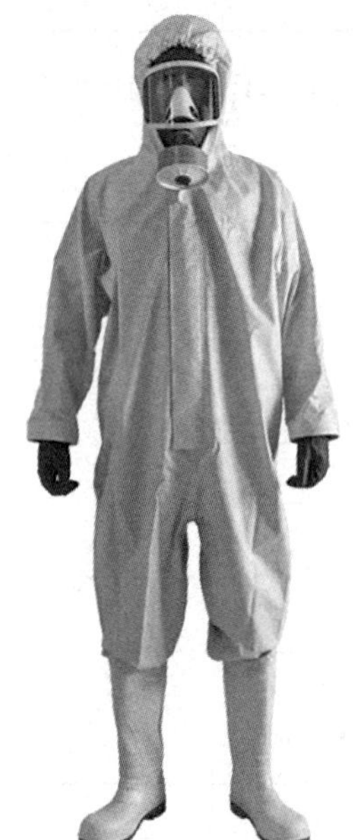

图 1-1 普通（轻型）防化服

知识链接 2：普通（轻型）防化服

普通（轻型）防化服，是一种特种个人防护服装，可提供对化学物质的有效防护，同时确保穿戴者的舒适性和耐用性。一般使用特殊研制的纤维材料制成，具有良好的耐水渗透性、耐碱渗透性能、耐热老化性能和防静电的特性，阻燃性能良好，能够在一定程度上降低火灾风险。主要适用于消防、抢险队员，工厂或实验室的工作人员等进入固体、液体酸碱类化学物品现场进行抢险、救援、工作时穿着。图 1-1 为普通（轻型）防化服示例。

知识链接 3：防化服穿戴注意事项

① 穿戴防化服时，避免接触污染物和损坏防护装备。

② 保持清洁。作业人员应时刻保持防化服的清洁，避免接触污染物，以免影响防护效果。

③ 防止损坏。在使用过程中，要避免防化服受到尖锐物体的刮擦、刺破或受到强烈的撞击，以免损坏防护装备。

④ 定期检查。定期对防化服进行检查，确保其完好无损，如有破损或老化现象应及时更换。

知识链接 4：常见的躯干防护服类别和标准

①《防护服装　化学防护服》（GB 24539—2021）；

②《防护服装　阻燃服》（GB 8965.1—2020）；

③《防护服装　隔热服》（GB 38453—2019 ）；

④《防护服装　防静电服》（GB 12014—2019）；

⑤《防护服装　化学防护服的选择、使用和维护》（GB/T 24536—2009）；

⑥《防护服装　冷环境防护服》（GB/T 38300—2019）。

七、任务计划和任务准备

1. 根据任务描述，查找氯乙烯的理化性质，进行危害评估并提出相应的防护措施。

（1）理化性质

（2）危害评估

（3）防护措施

2. 分析作业环境特点和作业时长，选择合适的防化服。

（1）作业环境

（2）预估作业时长

（3）所选择的防化服

3. 小组讨论，提出防化服穿戴的注意事项及应急处理措施。

（1）

（2）

（3）

（4）

（5）

（6）

4. 制定防化服着装操作流程。

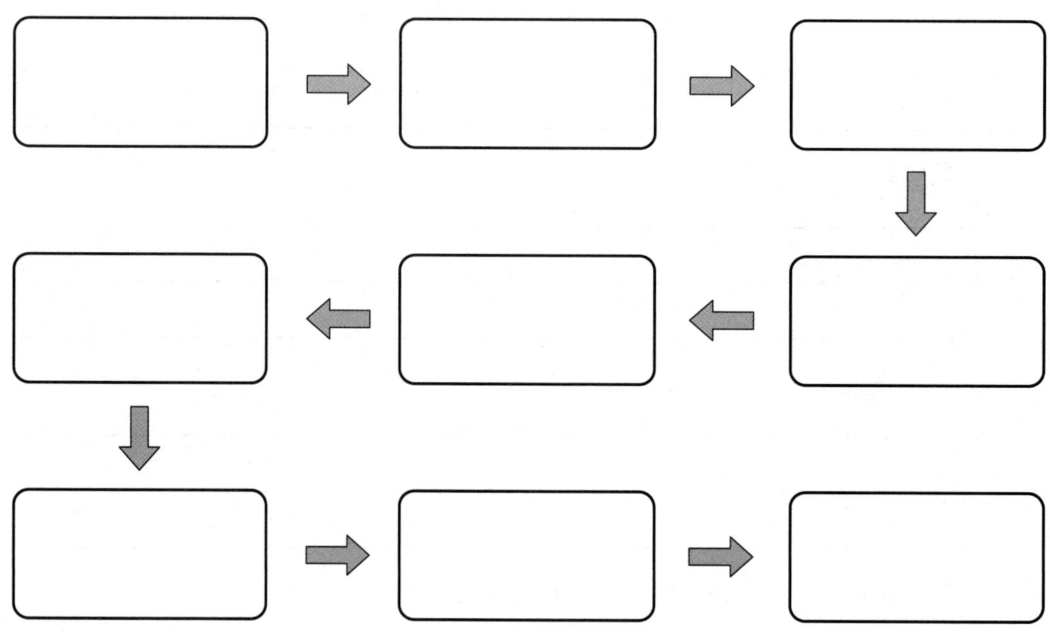

八、任务实施与评价

1. 小组互评（表 1-2）

表 1-2　任务评分表

序号	考核项目	考核内容	得分
1	使用前检查（15 分）	全面检查防化服有无破损及漏气（5 分）	
		检查拉链（或者其他连接方式）是否正常（5 分）	
		将携带的可能造成防化服损坏的物品去除（5 分）	
2	防化服穿戴（40 分）	将防化服展开，将所有关闭口打开，头罩朝向自己，开口向上（5 分）	
		撑开防化服的颈口、胸襟，两腿先后伸进裤内，处理好裤腿与鞋子（5 分）	
		将防化服从臀部以上拉起，穿好上衣，腿部尽量伸展（5 分）	
		将腰带系好，要求舒适自然（5 分）	
		戴防毒面具，要求舒适无漏气（5 分）	
		戴防毒头罩（5 分）	
		扎好胸襟，系好颈扣，要求舒适自然（5 分）	
		将袖子外翻，戴上手套放下外袖（5 分）	

续表

序号	考核项目	考核内容	得分
3	防化服脱卸（35分）	清洗与消毒（避免人体及环境受到危害及污染）（5分）	
		松开颈扣，松开胸襟（5分）	
		摘下防毒头罩（5分）	
		松开腰带（5分）	
		按照上衣、袖子、手套、裤腿、鞋子的顺序先后脱下（5分）	
		将防化服内表面朝外，安置防化服；脱卸过程中，身体其他部位不能接触防化服外表面（5分）	
		脱下防毒面具（5分）	
4	现场恢复（10分）	恢复防化服初始状态（10分）	
总分			

2. 教师评价（表1-3）

表1-3　考核评价表

项目名称	评价内容	得分
职业素养（30分）	积极参加教学活动，按时完成工作活页（10分）	
	团队合作（10分）	
	保持现场整洁（10分）	
专业能力（70分）	引导问题回答正确（20分）	
	操作过程规范、熟练（40分）	
	无不安全、不文明操作（10分）	
总分		
本次任务得分	小组互评 ×70%＋教师评价 ×30%	

3. 评价与分析

任务完成后，根据任务实施情况，分析存在的问题及原因，填入表1-4中。

表1-4　任务实施情况分析表

任务实施过程	存在的问题	原因

学生签字：	教师签字：
	年　月　日

任务二　呼吸器官防护用品的选择和使用

一、学习情境

在化工、医疗、矿山等行业中，由于存在有毒、有害物质或身处缺氧环境，工作人员在作业时呼吸器官面临严重威胁。因此，正确选择和使用呼吸器官防护用品是保障作业人员安全的重要措施之一。了解呼吸器官防护用品的基本知识，选择并掌握防毒面具、滤毒罐、正压式空气呼吸器等防护用品的使用方法，对于提高在有毒、有害环境中作业的安全防护能力非常重要。

二、学习目标

知识目标

1. 掌握呼吸器官防护用品的基本概念、分类及作用原理。

2. 了解防毒面具、滤毒罐、正压式空气呼吸器等常见呼吸器官防护用品的结构、特点和使用范围。

3. 熟悉呼吸器官防护用品的选用原则，能够根据不同工作环境和需求选择合适的防护用品。

能力目标

1. 学会正确佩戴和使用防毒面具、滤毒罐、正压式空气呼吸器等呼吸器官防护用品。

2. 能够根据实际工作环境进行呼吸器官防护用品的维护和更换。

3. 掌握应急情况下的自救、互救技能，提高应对突发事故的能力。

素质目标

1. 培养安全防护意识，树立“安全第一”的思想。

2. 提高自我保护和团队合作能力。

3. 培养责任心和敬业精神，能够认真对待每一项工作任务。

三、任务描述

在化工厂某区域存在有毒、有害气体泄漏风险，作为工作人员的你需要进入该区域进行作业。请根据作业环境和有害物质种类选择合适的呼吸器官防护用品，并正确佩戴和维护所选防护用品，以确保自身安全。

四、任务分组

人员分工见表 1-5。

表 1-5　人员分工表

成员	姓名	学号	角色分工
组长			
小组成员			

五、引导问题

事故案例 1：2020 年 5 月 6 日 20 时 40 分许，安徽省淮南市寿县某公司在垃圾库外墙缝隙封堵外包作业过程中，3 名作业人员佩戴自吸过滤式半面罩（过滤式防毒面具，可防范一般有毒气体，但不能防范硫化氢等有毒气体）进入垃圾库内施工，发生中毒事故。2 名营救人员也佩戴自吸过滤式半面罩进入垃圾库营救，造成不同程度中毒。事故共造成 3 名作业人员死亡，2 名营救人员中毒。

事故案例 2：2023 年 4 月 10 日 15 时 20 分，福建某公司人员在处理石灰窑提升料斗故障过程中，发生一起气体中毒窒息事故，造成 1 人死亡，事故直接经济损失约 130 万元。事故的直接原因为石灰窑顶部管孔未全封闭和废气收集管道维护保养不到位，造成窑内有毒气体泄漏；检修人员钱某在石灰窑顶部室外作业平台检维修作业时未配备安全防护用品，吸入有毒气体致其死亡。在组织施救时，施救人员未佩戴正压式空气呼吸器或其他防护用品，现场应急处置不到位，存在冒险施救现象。

问题：根据以上事故案例，小组讨论分析有毒、有害作业场所可能对呼吸器官造成的伤害，并提出相应的防护措施（表 1-6）。

表 1-6　有毒、有害作业场所对呼吸器官的伤害及相应防护措施

危险	处于危险的身体部位	减少危险的安全措施	个人防护用品
吸入化学溶剂挥发的气体	肺部、呼吸道		
化学品微尘	眼睛、面部		

续表

危险	处于危险的身体部位	减少危险的安全措施	个人防护用品
粉尘	肺部		

六、知识链接

知识链接 1：呼吸器官防护用品分类

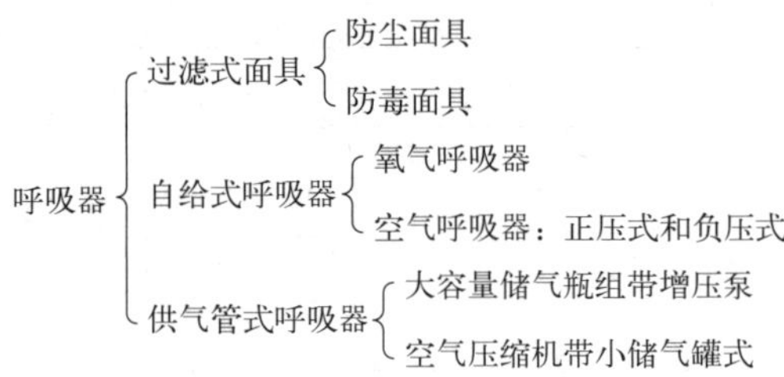

知识链接 2：正压式空气呼吸器

正压式空气呼吸器是一种自给开放式空气呼吸器，广泛应用于消防、化工、船舶、石油、冶炼、仓库、试验室、矿山等部门，供消防员或抢险救护人员在浓烟、毒气、蒸气或缺氧等各种环境下安全有效地进行灭火、抢险救灾和救护工作。图 1-2 为常用的正压式空气呼吸器。该系列产品配有视野广阔、明亮、气密良好的全面罩；供气装置配有体积较小、重量轻、性能稳定的新型供气阀；选用高强度背板和安全系数较高的优质高压气瓶；减压阀装置装有残气报警器，在规定的气瓶压力范围内，可向佩戴者发出声响信号，提醒使用人员及时撤离现场。

图 1-2　正压式空气呼吸器

工作原理：打开气瓶阀，高压空气进入减压阀装置，减至适当压力；同时压力表指示出气瓶压力。减压后的压缩空气经中压软导管、快速接头进入正压型空气供给阀。吸气时，供给阀开启，呼气阀关闭，供给阀按佩戴者的吸气量给全面罩供气，气体被吸入人体肺部；并使全面罩在整个佩戴过程中保持正压。呼气或屏气时，供给阀关闭而呼气阀开启，人体呼出的浊气经面罩上的呼气阀直接排到大气中。这样气体始终沿着一个方向流动而不会逆流。

知识链接 3：正压式空气呼吸器的操作使用及维护保养

（1）使用前准备

首先打开气瓶开关，随着管路、减压系统中的压力上升，会听到报警器发出短暂声响。气瓶开足后，检查空气储存压力，一般应在 28 ～ 30 MPa 之间。关闭气瓶开关，观察压力表读数，在 5 min 内，压降不大于 5 MPa 为合格，否则表明供气管高压气密性不好。当压降至 4 ～ 6（5 ± 0.5）MPa 时，报警器应发出报警声响。

（2）佩戴使用

呼吸器背在人体背后，根据身材调节肩带、腰带，以合身、牢靠、舒适为宜。

打开气瓶开关，检查气瓶内空气压力，应能听到报警器的报警声。戴上面罩，做 2 ～ 3 次深呼吸，应感觉顺畅，屏气时，供给阀应停止供气。

关闭气瓶阀，应能再次听到报警器的报警声。做深呼吸数次，随着管路中余气被吸尽，面罩应向人体面部移动，并感到呼吸困难，证明面罩和呼气阀的气密性良好。

完成上述检查后，即可打开气瓶开关，投入使用。使用过程中随时观察压力表，留出撤退时间。报警声响，立即撤离现场。

（3）用后处理

呼吸器使用后应及时清洗，先卸下气瓶，擦净器具上的油污，用中性消毒液洗涤面罩、口鼻罩，擦洗呼气阀片，最好用清水擦洗，洗净的部位应自然晾干。最后按要求组装好，并检查呼气阀气密性。使用后的气瓶必须重新充气，充气压力为 28 ～ 30 MPa。

知识链接 4：空气呼吸器的使用时间（表 1-7）

表 1-7　劳动类型与耗气量对应表

劳动类型	耗气量 /（L/min）
休息	10 ～ 15
轻度活动	15 ～ 20
轻度工作	20 ～ 30
中强度工作	30 ～ 40
高强度工作	35 ～ 55
长时间劳动	50 ～ 80
剧烈活动（几分钟）	100

可呼吸空气量（L）＝气瓶容积（L）× 工作压力（MPa）× 系数；使用时间（min）＝可呼吸空气量（L）/ 耗气量（L/min）

七、任务计划和任务准备

1. 小组讨论，提出佩戴和使用正压式空气呼吸器的注意事项。

（1）________________

（2）________________

（3）________________

（4）________________

（5）________________

（6）________________

2. 小组讨论并制定正确佩戴正压式空气呼吸器的操作流程。

八、任务实施与评价

1. 小组互评（表 1-8）

表 1-8　任务评分表

序号	考核项目	考核内容	得分
1	使用前检查（40 分）	检查高低压管路连接情况（5 分）	
		检查面罩视窗是否完好及其周边密封性（5 分）	
		检查减压阀手轮与气瓶连接是否紧密（5 分）	
		检查气瓶固定是否牢靠（5 分）	
		调整肩带、腰带、面罩束带的松紧程度，将正压式空气呼吸器连接好待用（5 分）	

续表

序号	考核项目	考核内容	得分
1	使用前检查（40分）	检查气瓶压力是否充足（5分）	
		检查气路管线及附件的密封情况（5分）	
		检查报警器的灵敏程度（5分）	
2	背好气瓶（5分）	解开腰带扣，展开腰垫；手抓背架两侧，将装具举过头顶；身体稍前倾，两肘内收，使装具自然滑落于背部（5分）	
3	调整背架（10分）	调整位置：手拉下肩带，调整装具的上下位置，使臀部承力（5分）	
		收紧腰带：扣上腰扣，将腰带两伸出端向侧后拉，收紧腰带（5分）	
4	佩戴面罩（10分）	将面罩上的系带调整至适当长度，从前往后佩戴面罩，确保与面部紧密贴合，无漏气现象（5分）	
		检查面罩的密封性：手掌心捂住面罩接口，深吸一口气，应感到面罩向面部贴紧（5分）	
5	安装供气阀（5分）	使红色旋钮朝上，将供气阀与面窗对接并逆时针旋转90°，正确安装好时可听到“咔嗒”声（5分）	
6	打开气瓶（10分）	缓慢打开气瓶阀门，检查呼吸器是否工作正常，包括气流声、面罩内压力变化等（10分）	
7	深呼吸测试（5分）	在安全区域进行深呼吸测试，确认呼吸顺畅，无不适感（5分）	
8	使用后处理（15分）	卸下装具，顺时针关闭气瓶阀手轮，关闭气瓶阀（5分）	
		打开充泄阀放掉呼吸器系统管路中的压缩空气。等到不再有气流后，关闭冲泄阀，恢复呼吸器初始状态（10分）	
总分			

2. 教师评价（表1-9）

表1-9　考核评价表

项目名称	评价内容	得分
职业素养（30分）	积极参加教学活动，按时完成工作活页（10分）	
	团队合作（10分）	
	保持现场整洁（10分）	
专业能力（70分）	引导问题回答正确（20分）	
	操作过程规范、熟练（40分）	
	无不安全、不文明操作（10分）	
总分		
本次任务得分	小组互评 ×70%+教师评价 ×30%	

3. 评价与分析

任务完成后，根据任务实施情况，分析存在的问题及原因（表 1-10）。

表 1-10　任务实施情况分析表

任务实施过程	存在的问题	原因

学生签字：	教师签字：
	年　　月　　日

项目二
意外伤害应急处置

在各类作业环境中，尤其是涉及化工等高风险作业的行业，意外伤害时有发生，严重威胁着作业人员的生命安全。为了有效应对作业现场的突发意外伤害，确保伤者能够得到及时、正确的救助，最大限度降低意外伤害带来的风险和损失，学习并掌握意外伤害应急处置的知识与技能重要且必要。本项目分为心肺复苏操作和作业伤害现场处置两项任务。心肺复苏操作将详细讲解心肺复苏的理论知识和操作技能，包括判断意识、救援呼叫、胸外按压、人工呼吸等，旨在救护人员关键时刻能迅速准确施救，挽救生命。作业伤害现场处置任务针对作业现场可能发生的各类伤害，介绍现场急救的基本原则，常见伤害的处理方法和注意事项，以及如何在确保自身安全的前提下，对伤者进行初步救治和转运。

本项目旨在通过专业培训和实践演练，使作业人员掌握心肺复苏操作和作业伤害现场处置的基本技能，提升在紧急情况下的自救互救能力，培养冷静应对突发事件的心态，提高应急反应能力。

任务一　心肺复苏操作

一、学习情境

心肺复苏是一项急救措施。当患者由于外伤、疾病、中毒、意外低温、淹溺或电击等各种原因呼吸、心跳骤停时，心肺复苏通过胸外按压、开放气道、人工呼吸、电击、除颤等方式来恢复人体的自主呼吸和心跳，帮助患者逐渐恢复生命体征。因此，学习和掌握心肺复苏技能尤为必要。

二、学习目标

知识目标

1. 学会心肺复苏的基本操作及注意事项。
2. 能够熟练掌握对心脏骤停患者的抢救。

能力目标

具备面对危急情况沉着冷静的心理素质及独立实施心肺复苏规范操作的能力。

素质目标

加强对生命的敬畏，培养“时间就是生命”的急救意识。

三、任务描述

在某聚氯乙烯（PVC）生产车间的巡检过程中，一名工作人员在深入生产设备内部检查时，由于未知原因，吸入了有毒、有害气体，出现了中毒和窒息的症状，并陷入昏迷状态，呼吸微弱，甚至心跳停止。面对如此危急的情况，你作为现场的急救人员，决定立即实施心肺复苏术来挽救他的生命。

四、任务分组

人员分工如表 2-1 所示。

表 2-1　人员分工表

成员	姓名	学号	角色分工
组长			
小组成员			

五、引导问题

小组查找并观看心肺复苏的实施视频，讨论并回答以下问题。

问题 1：如何判断患者意识？

____

____

____

问题 2：什么情况下可以进行心肺复苏急救？

____

____

____

问题 3：胸外按压的位置和操作要点有哪些？

____

____

____

问题 4：人工呼吸操作有哪些要点？

____

____

____

六、知识链接

知识链接 1：人工呼吸操作过程中的注意事项

① 为确保患者及施救者的安全，应该将患者转移到安全环境。

② 在处理患者之前，首先要了解受伤过程。如果患者在交通意外或高处坠落中受伤，怀疑可能有脊柱受伤时，切勿轻易移动患者。

③ 在进行人工呼吸之前，应先开放患者的气道，使其下颌角与耳垂的连线与地面垂直，如有异物应先清除异物。切勿过度用力，避免气管反折。

④ 吹气时口唇若不紧贴患者口鼻，会导致空气泄漏，影响人工呼吸效果。

⑤ 按压力度不正确，过大或过小都会影响效果。按压深度应保持在约 5 cm，根据不同年龄和体型进行适当调整。

知识链接 2：自动体外除颤器（AED）的使用

AED 是专为现场急救设计的便携式、易于操作的急救设备。使用的方法与步骤如下。

（1）评估现场环境是否安全，以及患者是否处于心脏骤停状态。

（2）准备除颤器并确保其处于正常工作状态，检查电极和导线连接是否良好，表面是否干燥清洁。

（3）操作步骤

① 接通电源。将电极板插头插入除颤器主机插孔，并开启电源。

② 安放电极片。解开患者衣物，并保证患者胸部干燥无遮挡。将两块电极片分别贴在患者左侧乳头外侧和右侧胸部上方，确保电极片充分接触皮肤。

③ 分析心律。按照语音提示操作除颤器，等待其分析心律。分析心律时，避免与患者接触以免干扰分析。

④ 除颤。分析完毕后，除颤器将会发出是否进行除颤的建议。在确认无人与患者接触后，按下“放电”键进行除颤。

⑤ 后续处理。除颤完成后，如果患者还未恢复呼吸及心跳，应继续对其进行心肺复苏操作，并再次使用除颤器除颤。重复进行心肺复苏术和除颤操作，直到医护人员赶到。

（4）注意事项

① 使用除颤器前，应确保仪器处于完好无损的状态。

② 除颤时，保证自己及周围人与患者保持足够距离，避免发生意外伤害。

③ 患者胸前不能过于湿润，胸毛较多者需剔除。

④ 在按下通电按钮后立刻远离患者，并告诫身边任何人不得接触靠近患者。

知识链接 3：海姆立克急救法

海姆立克急救法是一种在气道异物阻塞时，通过外部冲击促使异物排出的急救方法。

海姆立克急救法是一种简单有效的急救方法，在紧急情况下可能挽救生命。通过掌握正确的操作步骤和操作技巧，可以在关键时刻为他人提供帮助，挽救生命。

（1）成人急救法

① 站姿或跪姿。站在患者身后，双腿分开以保持稳定。

② 环抱患者。一手握拳，拇指侧顶住患者上腹部（剑突与脐之间），另一手抓住握拳的手。

③ 冲击。快速向上向内用力冲击患者的上腹部，重复数次，直到异物排出。

（2）孩童急救法

① 跪姿。跪在孩童身后，确保双手能够触及孩童的上腹部。

② 双臂环抱。双臂环抱孩童腰部，一手握拳，拇指侧顶住孩童上腹部。

③ 冲击。另一手紧握该拳，快速向上向内用力冲击孩童上腹部，重复数次。

（3）意识不清急救法

对于意识不清的患者，由于无法站立或保持坐姿，应采取以下方法：

① 患者仰卧。将患者平放在地面上，确保头部偏向一侧，防止呕吐物堵塞气道。

② 按压上腹部。急救者跨跪在患者腰部两侧，一手掌根置于患者上腹部，另一手放在手背上，迅速用力向上向内冲击，重复数次。

（4）自救法

当自己发生气道异物阻塞时，可以采取以下自救方法：

① 靠椅背。迅速找一把椅子，背部紧靠椅背。

② 冲击腹部。一手握拳，拇指侧顶住上腹部，另一手紧握该拳，用力冲击上腹部，直到异物排出。

（5）操作技巧

① 保持冷静。在紧急情况下，保持冷静和镇定是成功的关键。

② 正确判断。确保患者确实是气道异物阻塞，而不是其他紧急情况。

③ 正确施力。冲击时力量要适中，避免过于猛烈或力量不足。

④ 反复尝试。如果一次冲击未能成功排出异物，应反复尝试，直到异物排出或患者失去意识。

⑤ 寻求帮助。在紧急情况下，应及时拨打急救电话，并请求他人协助进行急救。

⑥ 注意安全。在操作过程中，确保自己和患者的安全，避免造成二次伤害。

七、任务计划和任务准备

1. 小组讨论，提出心肺复苏操作的注意事项。

（1）____________________

（2）____________________

（3）____________________

（4）____________________

（5）____________________

（6）____________________

2. 小组讨论并制定心肺复苏操作流程。

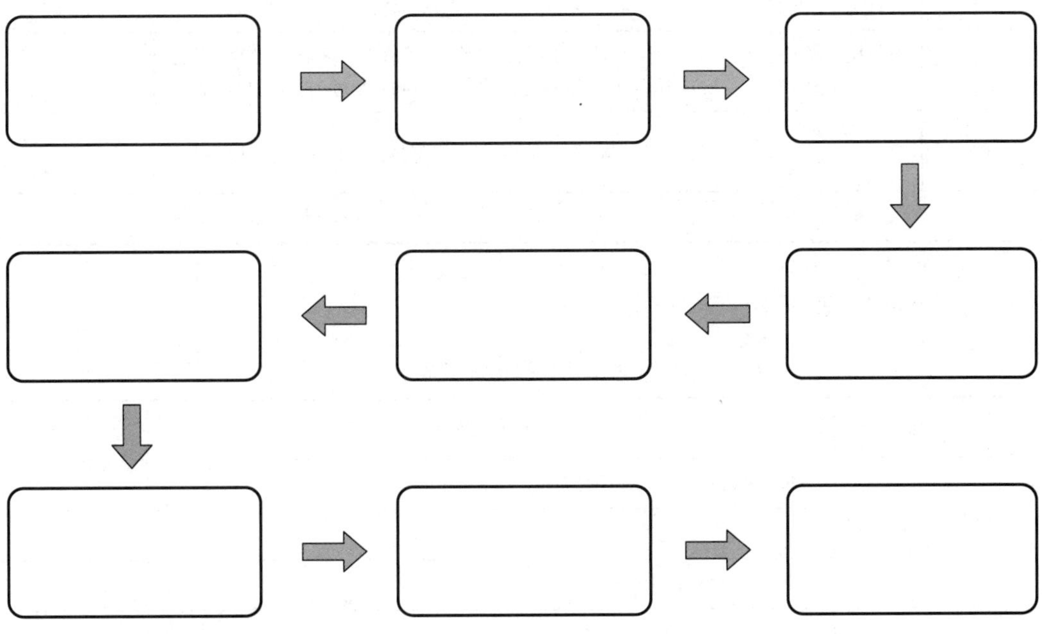

八、任务实施与评价

1. 小组互评（表 2-2）

表 2-2　任务评分表

序号	考核项目	考核内容	得分
1	判断意识（10 分）	拍患者肩部，大声呼叫患者（10 分）	
2	呼救（8 分）	环顾四周，请人协助，解衣扣，摆体位（8 分）	
3	判断颈动脉脉搏（10 分）	手法正确（单侧触摸，时间不少于 5 s）（10 分）	
4	胸外按压定位（10 分）	按压位置准确；按压姿势正确（10 分）	
5	胸外按压（10 分）	按压速率≥ 100 次 /min；按压幅度≥ 5 cm；按压频率：每个循环按压 30 次，时间 15 ～ 18 s（10 分）	
6	打开气道（10 分）	下颌角与耳垂的连线与地面垂直（10 分）	
7	吹气（12 分）	吹气时看到胸廓起伏（3 分） 吹气完毕，立即离开口部，松开鼻腔（3 分） 患者胸廓下降后，再次吹气（3 分） 每个循环吹气 2 次，完成 5 次循环（3 分）	
8	判断（10 分）	有无自主呼吸、心跳（10 分）	

续表

序号	考核项目	考核内容	得分
9	整体质量判定有效指征（10分）	有效吹气10次，有效按压150次，并判定效果（从开始考核到最后一次吹气，总时间不超过150 s）（10分）	
10	整理（10分）	安置患者，整理服装，摆好体位，整理用物（10分）	
总分			

2. 教师评价（表2-3）

表2-3　考核评价表

项目名称	评价内容	得分
职业素养（30分）	积极参加教学活动，按时完成工作活页（10分）	
	团队合作（10分）	
	保持现场整洁（10分）	
专业能力（70分）	引导问题回答正确（20分）	
	操作过程规范、熟练（40分）	
	无不安全、不文明操作（10分）	
总分		
本次任务得分	小组互评 ×70%＋教师评价 ×30%	

3. 评价与分析

任务完成后，根据任务实施情况，分析存在的问题及原因（表2-4）。

表2-4　任务实施情况分析表

任务实施过程	存在的问题	原因

学生签字：	教师签字：
	年　月　日

任务二　作业伤害现场处置

一、学习情境

在石油、化工企业生产装置的机泵、电气、仪表的检维修工作中，由于生产装置介质具有高温高压、易燃易爆、有毒有害等特性，意外伤害的危险性很大。伤害发生的第一现场，医务人员不可能随时出现在身旁，因此，救护的任务首先要落到一线操作者身上。掌握和懂得自救互救知识，赢得抢救的时机，这对于伤者是十分重要的。许多伤者经过自救互救，减轻了病情，挽回了生命，为医院的正规、系统抢救提供了机会和创造了条件。

二、学习目标

知识目标

1. 了解现场急救原则。
2. 熟悉意外伤害现场急救的主要特点和注意事项。
3. 掌握急救的四大技术。

能力目标

1. 熟练掌握作业伤害现场处置流程。
2. 掌握基本的现场急救技能，如止血、包扎、心肺复苏等，能够对受伤人员进行初步救治。

素质目标

1. 当突发性意外伤害发生时，现场人员具有能够按照正确的医学知识，立即给予紧急性、临时性处理措施的意识。
2. 自觉树立安全意识和责任感，确保在紧急情况下能够迅速反应，正确应对。

三、任务描述

某化工厂工作人员在巡检过程中，不慎坠落，导致摔伤，多处皮肤肿胀并流血，患者十分疼痛。面对这样的紧急情况，你作为化工厂的应急救援队员，需要迅速进行应急处置和急救。

四、任务分组

人员分工如表 2-5 所示。

表 2-5　人员分工表

成员	姓名	学号	角色分工
组长			

续表

成员	姓名	学号	角色分工
小组成员			

五、引导问题

问题 1：小组讨论，分析一个典型的作业现场伤害事故案例，总结案例中现场应急处理的流程。

____

____

____

问题 2：能举出几个常见的作业现场伤害类型吗？

____

____

____

问题 3：什么是现场急救的“三先四后”原则？

____

____

____

六、知识链接

知识链接 1：作业现场伤害及急救的基本知识

（1）创伤的基本概念

创伤是指人体受各种致伤因素的作用后引起组织结构与功能的破坏，最后造成功能的障碍，比如脑部的残疾等。

（2）伤害现场急救的主要特点

① 情况紧急；

② 急救条件较差；

③ 病种涉及多科；

④ 对症急救是主要任务。

（3）现场急救原则

先抢后救，先重后轻，先急后缓，先近后远；先止血后包扎，再固定后搬运。

（4）急救过程注意事项

① 仔细观察，初步弄清楚患者造成伤害的原因。

② 确定患者的受伤程度，进行简单的医疗处理。

③ 拨打急救电话 120。

④ 检查患者身上的证件等物件，以便发现病历等对急救有用的物品。

⑤ 不要给失去知觉的患者吃、喝任何东西，耐心地等待医护人员到来。

知识链接 2：急救的四大技术

（1）止血术

止血刻不容缓，因为只要拖延几分钟，大出血的病人就会危及生命。出血每延长 3 min，就会增加患者 1% 的死亡率。所以止血术是创伤急救技术之首。

① 指压法。指较大的动脉出血后，用拇指压住出血的血管上方（近心端），使血管被压闭住，中断血液。比如，遇到手指出血，可以直接捏住手指的根部，就可以起到止血的作用。

② 压迫包扎法。伤口覆盖无菌敷料后，再用纱布、棉花、毛巾、衣服等折叠成相应大小的垫，置于无菌敷料上面，然后再用绷带、三角巾等紧紧包扎，以停止出血为度。

③ 加垫屈肢法。当前臂或小腿出血时，可在肘窝、膝窝内放置纱布垫、棉花团或毛巾、衣服等物品，屈曲关节，用三角巾作“8”字形固定，但骨折或关节脱位者不能使用。

④ 填塞法。用于肌肉渗血、骨端渗血等。先用1～2层无菌纱布铺盖伤口，以纱布条、绷带等充填其中，外面加压包扎。此法的缺点是止血不够彻底，且会增加感染的机会。

⑤ 止血带法。用弹性好的橡皮管、橡皮带（下垫 1 ～ 2 层布）结扎于上臂上 1/3 处或大腿的中部。还可用帆布带或其他结实的布带，用绞棒绞紧，作为止血带。

注意：使用止血带时，局部应有明显的标记，写上扎止血带时间，应每隔 1 h 放松 1 ～ 2 min。

（2）包扎术

包扎首先有保护伤口的作用，可以减少伤口和外界的接触，减少污染，避免 感染。其次包扎相当于局部的加压，可帮助止血。常用的材料是绷带和三角巾，抢救中也可将衣裤、巾单等裁开作包扎用。无论何种包扎法，均要求包好后固定不移和松紧适度。

① 绷带卷包扎法。有环形包扎、螺旋反折包扎、“8”字形包扎和帽式包扎等。包扎时要掌握“三点一走行”，即绷带的起点、止点、着力点（多在伤处）和走行方向顺序。

② 三角巾包扎法。三角巾制作较方便，包扎时操作简捷，且能适应各个部位，但三角巾不便于加压，也不够牢固。

（3）固定术

骨关节损伤时均必须固定制动，以减轻疼痛，避免骨折片损伤血管和神经等，并能帮助防止休克。较重的软组织损伤，也宜将局部固定。固定前，应尽可能牵引伤肢和矫正畸形；然后将伤肢放到适当位置，固定于夹板或其他支架（可就地取材，如用木板、竹竿、树枝等）。固定范围一般应包括骨折处远和近的两个关节，既要牢靠不移又不可过紧。急救中如缺乏固定材料，可行自体固定法。例如，将受伤上肢缚在胸廓上或将受伤下肢固定于健肢。

（4）搬运术

搬运伤员可用背、夹、拖、抬、架等方法。

注意：对骨折特别是脊柱损伤的伤员，搬运时必须保持伤处稳定，切勿弯曲或扭动。对昏迷伤员，搬运时必须保持呼吸道通畅。

知识链接3：呼叫救护车的方法

① 拨打急救电话120；

② 说明事故或病情的具体情况（包括何时、何地、何人、何事、何种情况）；

③ 然后告诉对方自己所处的确切位置及附近明显的标志；

④ 留下自己的电话号码和姓名；

⑤ 全部说明完毕后，到显眼的地方等候救护车，并为救护车指路；

⑥ 救护车到达后，尽可能向医护人员提供患者病情的变化以及所采取的自救措施。

知识链接4：作业伤害现场处置

（1）外创伤

对于外创伤，应先止血，再根据伤口情况采取措施：

① 如果有出血情况，应进行压迫止血。

② 疼痛或肿胀比较严重时，应进行冷敷。

③ 伤口不太干净且深而窄时，先用清水清洗掉伤口上的泥土等脏物，再用双氧水进行消毒，尽量清洗干净。

注意：绝对不能撕开伤口或触及伤口内部，这样有可能造成大量出血或细菌感染。

④ 包扎伤口：根据受伤程度和部位选择适用的包扎方法。轻度创伤清创后可在伤处涂上紫药水；中度创伤可敷上黄纱条，然后用橡皮膏或绷带包扎好；重度创伤清创后及时去医院。

（2）手指或手脚切断

① 用纱布或干净的手绢直接按住伤口，进行压迫止血。

② 断指或手、脚要用纱布包好放在塑料袋里，有条件的情况下将装有断指或手、脚的塑料袋放在另一个装有冰块的塑料袋中。

（3）骨折

① 先止血和包扎伤口，判断是否骨折，一般骨折的部位会出现不自然的变形或骨头突出，手脚不能动弹。

② 确认骨折后，必须限制患处活动，用相当于骨折部位上下两个关节长短的夹板（或者硬纸夹、杂志等物）固定受伤部位，防止错位；对于开放性骨折，固定前局部要先做无菌处理，再用夹板固定，不要还纳暴露在外的骨头；腰背部脊椎骨折和骨盆处骨折要用硬板担架搬运，禁止扭转。

③ 受伤部位固定后，应尽早送往医院。

（4）头部受伤（脑外伤）

① 如果伤者意识逐渐消失，或者短暂清醒后很快再度恶化，同时伴有剧烈头痛、呕吐、抽搐等症状，需清理患者口中的呕吐物，保持患者的呼吸道畅通。要将患者下颌充分抬高，头部不要过于后仰，稍微垫高头部（15°～30°左右为宜），保持静卧，尽可能不让患者移动，因为颈部的骨骼和神经也可能遭到损伤。

② 四肢麻痹时，有可能是颈髓损伤，所以必须保持水平静卧，颈部不要前倾。

③ 如果出血，进行压迫止血，如果没有出血，但是出现了肿包，可用冰袋、凉毛巾

等进行冷敷，但不能过度降温，医护人员到来之前必须给患者保暖。

④ 不要给患者使用酒精、镇静剂、水等物，应看护伤者并等待医护人员的到来或直接送往医院进行救治。

（5）胸、腹部外伤

由于胸、腹部外伤容易引起呼吸困难和出血休克，应注意观察伤者的呼吸、血压和脉搏。

① 救助时应松开伤者衣物，让患者保持最容易呼吸的姿势。

② 有刀子或木棒等锐利器械刺入胸部时绝对不能拔出，以免造成大出血，使伤情进一步恶化，可以用毛巾固定住刺入物。

③ 如果伤者呼吸困难或呼吸时胸部疼痛，救助时应用毛巾按住伤处，让患者平静地呼吸。

④ 如果伤口出血，必须进行压迫止血，然后在伤口上垫上干净的纱布，再贴上橡皮膏进行固定。

⑤ 等待医护人员的到来或直接送往医院进行救治。

（6）刺伤

① 按照胸外伤部分内容进行急救处理。

② 被铁钉等金属尖锐物刺伤时，将刺入物拔出后，须用双氧水对伤口进行消毒再初步包扎伤口。

③ 被钩状物刺伤时，不要强行将其拔出，应先推挤钩的顶端，使钩的尖端露出，用适当的工具将钩的尖端剪断，然后再将针钩拔出。如果针钩难以拔出，不要强行拔出，以免损伤皮肤组织，扩大伤口。

④ 纤维等细小物刺入肌肤时，用镊子取出或用胶带类物品粘出。

⑤ 等待医护人员的到来或直接送往医院进行救治。

（7）肌肉拉伤

① 肌肉拉伤时应用伸缩绷带或弹性绑腿绑住患处，不要活动。

② 抬高拉伤部位的肢体，防止肿胀。

③ 用冰袋等物冷敷 20 min，拿掉冰袋 20 min，再冷敷 20 min，如此反复间断冷敷；在冷敷状态下，送往医院。

注意：患者不能行走，患处不能活动。

（8）扭伤、脱臼

① 膝关节、踝关节扭伤、脱臼时，应先包上一层凉毛巾，在上面裹上三角巾或围巾，用力系紧，也可以用伸缩绷带固定住关节。

② 肩关节、肘关节和手腕扭伤、脱臼时，可以用三角巾、围巾等做成吊带，也可将手伸到上衣或衬衣的扣子之间，但一定要固定住关节。

③ 股关节扭伤或脱臼时，仰面躺好，膝下垫上坐垫等物，让股关节和膝关节保持弯曲；手指关节扭伤或脱臼时，手握网球大小的圆球，打上夹板，绑上绷带，以便维持患者手部机能。

（9）中暑

因高温潮湿的天气或者工作环境温度过高造成昏迷，如不及时救助，就会产生严重后果。

① 将中暑者抬到凉爽的地方，解开衣扣、皮带等，让患者保持静卧，尽可能用浸水的毛巾擦身，给患者饮用清凉饮料，有条件的用电风扇等进行降温。

② 轻患者可服用仁丹、十滴水、藿香正气水等药物。

③ 重患者进行降温：先用 10 ～ 15 ℃的水擦全身，然后逐步降低水温；大血管处放冰块有助于降温，同时可用扇子、电扇或空调降温。

④ 体温下降、神志清醒后，要多喝凉开水或淡盐水。

知识链接 5：急救药箱的准备

（1）急救药箱内必备的医疗器具

① 14 cm 直圆头手术剪一把。

② 体温计一支。

③ 手术镊子一个。

④ 5 cm 见方的消毒纱布（单独包装）两卷。

⑤ 消毒棉签一袋，创可贴一盒，橡皮膏大卷两个、小卷两个等包扎物品常备。

（2）急救药箱内必备的急救药品

① 心脏类急救药品：硝酸甘油片、地西泮片、速效救心丸、急救盒等。

② 外伤类急救药品：75% 酒精、2.5% 碘酒、紫药水、双氧水、生理盐水。

③ 京万红软膏、消炎药膏、云南白药等。

④ 止疼类药品：布洛芬等去疼片，利多卡因氯己定、红药等外用喷雾剂。

⑤ 防中暑类药品：十滴水、仁丹、藿香正气水、清凉油、风油精等。

⑥ 抗过敏类药品：氯雷他定、马来酸氯苯那敏等。

七、任务计划和任务准备

1. 小组讨论，提出现场急救的注意事项。

____

____

____

2. 小组讨论并制定急救的操作流程。

3. 实施本次任务，需要准备的急救物品有：

____

____

____

八、任务实施与评价

1. 小组互评（表 2-6）

表 2-6　任务评分表

序号	考核项目	考核内容	得分
1	伤害识别（10 分）	准确识别伤害类型及伤害程度（10 分）	
2	呼救（10 分）	请人协助，拨打急救电话（10 分）	
3	现场急救（80 分）	遵循正确的伤害处置流程（20 分）	
		现场急救及时（20 分）	
		现场急救措施规范（30 分）	
		正确使用急救器材（10 分）	
总分			

2. 教师评价（表 2-7）

表 2-7　考核评价表

项目名称	评价内容	得分
职业素养（30 分）	积极参加教学活动，按时完成工作活页（10 分）	
	团队合作（10 分）	
	保持现场整洁（10 分）	
专业能力（70 分）	引导问题回答正确（20 分）	
	操作过程规范、熟练（40 分）	
	无不安全、不文明操作（10 分）	
总分		
本次任务得分	小组互评 ×70% + 教师评价 ×30%	

3. 评价与分析

任务完成后，根据任务实施情况，分析存在的问题及原因（表 2-8）。

表 2-8　任务实施情况分析表

任务实施过程	存在的问题	原因

学生签字：	教师签字：
	年　月　日

项目三

化工生产典型事故（故障）应急处置

在化工生产过程中，由于物料特性、工艺复杂性和操作环境的特殊性，各类事故（故障）时有发生，对生产安全、人员健康及环境造成极大威胁。学习化工生产典型事故（故障）的相关知识，掌握事故应急处置技能，对于保障安全生产、保护作业人员生命安全、提高应急响应能力具有重要意义。

本项目分为五项任务，即超温超压事故应急处理、泄漏事故处理、中毒窒息事故应急处理、短时间停电事故处理以及着火事故处理。通过这五项任务的学习和实践训练，学生能够迅速识别危险源，采取正确的应急措施，防止事态扩大，从而保障生产安全；能够迅速采取防护措施，避免吸入有毒气体或接触有害物质，从而降低中毒和窒息等风险；能够熟悉应急预案和应急流程，掌握应急处置技能，提高应对突发事件的能力。这一项目的学习对于化工专业的学生而言，具有重要的现实意义和长远价值。

任务一　超温超压事故应急处理

一、学习情境

在化工生产过程中，超温超压是一种常见的安全隐患，极易导致设备破裂、泄漏甚至爆炸。这些事故不仅会造成设备损坏、物料损失，还可能引发环境污染和人员伤亡。了解超温超压产生的原因、危害，通过超温超压事故处理，掌握超温超压事故的应对措施，提高作业人员的安全意识和操作技能，对于保证安全生产具有重要意义。

二、学习目标

知识目标

了解聚合工段超温超压的产生原因及其危害。

能力目标

掌握聚合工段超温超压的预防措施和应急处置方法。

素质目标

培养安全意识和责任心，确保在实际操作中严格遵守安全规定。

三、任务描述

在聚氯乙烯（PVC）生产过程中，聚合釜引发剂加入量过大，会造成反应过快，聚合釜温度和压力升高，有爆聚的可能，见图3-1。请对该事故进行应急处理。

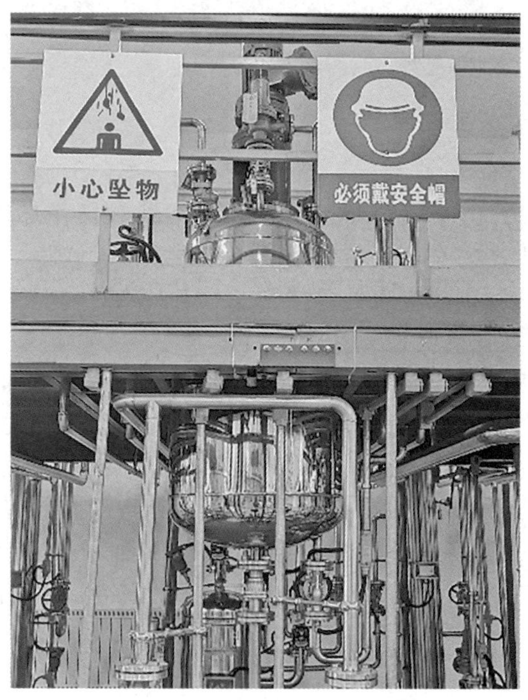

图3-1 PVC聚合釜实景照片

四、任务分组

人员分工如表3-1所示。

表3-1 人员分工表

成员	姓名	学号	角色分工
组长			
小组成员			

五、引导问题

事故案例：2022 年 8 月 14 日，潍坊某公司 5# 脱溶釜超温超压发生爆炸，致 2 人死亡。事故装置为年产 3000 t 噻虫胺装置，8 月 14 日 0 时 40 分，装置 5# 脱溶釜超过工艺控制温度，DCS 自动系统联锁切断了蒸汽加热系统，然后内操人员询问外操人员是否将设备切换，外操人员没同意，因为黏度还未达标，要求内操人员暂缓切换；1 时，釜温超温升至 110 ℃，内操、外操人员联系以后，还是没有切换；2 时 05 分，温度升高至 130 ℃、140 ℃，严重超工艺指标，此时才切换，但已经来不及了；2 时 15 分，脱溶釜发生超压爆炸。初步调查的主要原因是 5# 脱溶釜超温，釜内中间体混合物自分解，导致脱溶釜超压发生破裂，工艺处置不力。

分析以上超温超压事故案例，小组讨论并回答以下问题。

问题 1：超温超压产生的原因和处理措施有哪些？

____

____

____

问题 2：超温超压对安全生产有哪些影响？

____

____

____

问题 3：查阅资料，氯乙烯及聚氯乙烯有哪些毒性？

____

____

____

问题 4：查阅资料，学习聚氯乙烯生产工艺，绘制出简要的工艺流程图。

____

____

____

问题 5：根据上述生产工艺，若发生超温超压事故，会有哪些事故现象？可能会引起哪些危害？

____

____

____

问题 6：发现超温超压时应采取哪些紧急措施？

____

____

____

六、知识链接

知识链接 1：超温超压对安全生产的影响

（1）设备损坏与失效

超温超压可能导致设备发生破裂、爆炸等严重后果，不仅会影响生产线的正常运行，还可能造成重大人员伤亡和财产损失。

（2）人员伤害

超温超压可能导致烧伤、中毒、爆炸等事故，严重威胁到人员的生命安全。在事故发生时，人员可能因为无法及时撤离或受到爆炸冲击波的影响而受伤甚至死亡。特别是化工企业等高危行业，一旦发生超温超压事故，其后果往往是不堪设想的。

（3）环境污染

超温超压事故还可能导致有害物质泄漏，对环境造成污染和破坏。这些有害物质可能包括有毒气体、液体等，它们的泄漏会对土壤、水源、空气等造成严重的污染。

（4）经济损失

超温超压事故会给企业带来巨大的经济损失。除了设备损坏后的维修费用外，还可能面临罚款、赔偿、停产整顿等额外的经济负担。

（5）其他影响

事故还可能影响企业的声誉和形象，导致客户流失和市场份额下降。

知识链接 2：聚氯乙烯生产工艺

（1）聚氯乙烯工艺简介

聚氯乙烯是一种无毒、无臭的白色粉末。它的化学稳定性很高，具有良好的可塑性。根据氯乙烯单体的聚合方法，聚氯乙烯的获得有悬浮法、乳液法、本体法和溶液法。悬浮法生产过程简单，便于控制及大规模生产，产品适宜性强，是 PVC 的主要生产方式。从世界范围内讲，悬浮法 PVC 的生产量约占总量的 80%。

悬浮聚合的过程是先将去离子水用泵打入聚合釜中，启动搅拌器，依次将分散剂溶液、引发剂及其他助剂加入聚合釜内。然后，在聚合釜夹套内通入蒸汽和热水，当聚合釜内温度升高至聚合温度（50 ～ 58 ℃）后，改通冷却水，控制聚合温度不超过规定温度的 ±0.5 ℃。当转化率达 60% ～ 70%，有自加速现象发生，反应加快，放热现象激烈，应加大冷却水量。当釜内压力达到最高值，通常在 0.687 ～ 0.981 MPa 时，可泄压出料，使聚合物膨胀。因为聚氯乙烯粒的疏松程度与泄压膨胀的压力有关，所以要根据不同要求控制泄压压力。未聚合的氯乙烯单体经泡沫捕集器排入氯乙烯气柜，循环使用。浆料进入汽提塔进一步脱除氯乙烯单体后再进行干燥。

（2）聚氯乙烯生产工艺流程

聚氯乙烯生产工艺流程如图 3-2 所示。

知识链接 3：超温超压事故应急预案

（1）发现事故

事故第一发现人立刻向当班班长汇报现场情况，报告应包括但不限于以下内容：

① 装置名称，发生时间、地点和部位，泄漏介质、大约数量；

② 管线、设施损坏的情况；

③ 人员伤亡情况；

④ 事件简要情况；

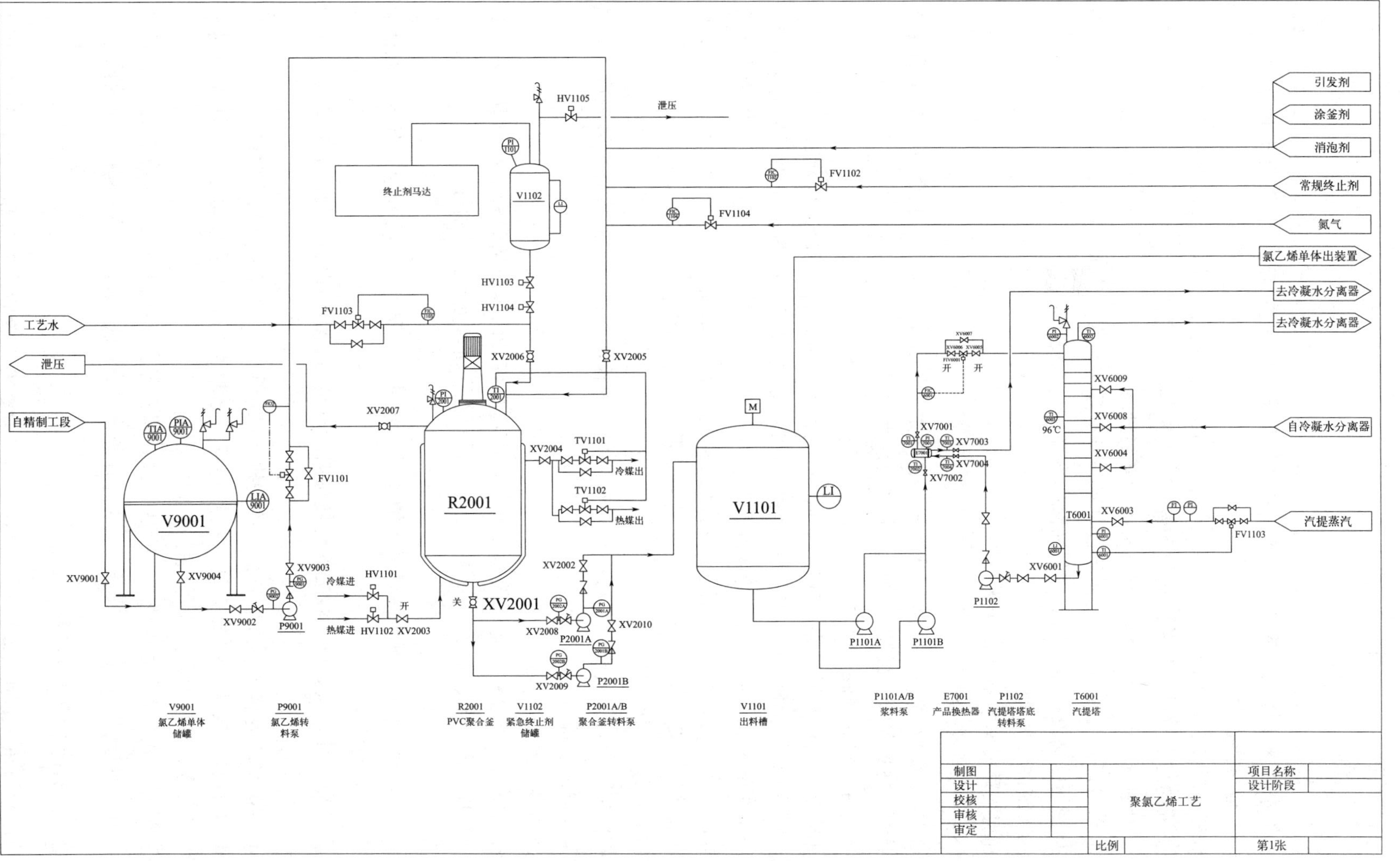

图 3-2　聚氯乙烯生产工艺流程图

⑤ 已采取的应急措施。

（2）启动应急预案

当班班长宣布进入事故应急状态，布置应急处置措施，启动应急预案，负责向应急领导小组报告现场情况，应急小组未到达现场前班长对现场的应急工作全面负责。

（3）应急操作

根据事故类型，采取关闭阀门、启动紧急冷却系统、排放压力等措施。

① 关闭与事故设备相关的阀门和管道，切断物料来源；

② 开启设备的冷却系统，对设备进行降温处理；

③ 若冷却系统失效，可使用水或其他冷却介质进行人工降温；

④ 密切监测设备温度和压力，确保降温降压过程安全可控。

（4）疏散人员

确保人员安全撤离，避免人员伤亡。

（5）现场泄漏处置

进入现场的人员必须按规定穿戴好防护用品，防止静电火花。抢险人员需佩戴空气呼吸器进入现场救援，以防着火爆炸事故的发生。

（6）现场建立警戒

立即根据地形、气象等，在距离泄漏点至少 800 m 范围内实行全面戒严。安全员组织人员设立明显的警戒线标志，以各种方式和手段通知警戒区内和周边人员迅速撤离，禁止一切车辆和无关人员进入警戒区。在警戒区内停电、停火，灭绝一切可能引发火灾和爆炸的火种。进入危险区前用水枪将地面喷湿，防止摩擦、撞击产生火花，作业时设备应确保接地。直至气体浓度＜ 0.2% 方可撤除隔离警戒区。

（7）现场监测保护

质检中心分析人员随时用可燃气体检测仪监视检测警戒区内的可燃气体浓度，人员随时做好撤离准备。

（8）事故报警

若已发生火灾事故，电话拨打 119 完成火灾报警，内容包括装置所在位置、事故物料名称、报警人姓名、联系电话等。报警后派专人到路口进行救援引导。

（9）注意事项

① 进入事故现场必须严格佩戴防护器具，同时双人配合执行现场应急处置，保证应急处置人员自身安全；

② 忙而不乱，做好抢险救援器材使用前的安全检查，不得盲目使用失效或不符合要求的救援器材；

③ 救援报警内容必须清晰完整，并安排人员接警，布置好事故现场警戒；

④ 进行自救灭火、疏导人员、抢救物资、抢救伤员等救援行动时，应注意自身安全，无能力自救时各组人员应尽快撤离火灾现场；

⑤ 消防人员到达事故现场后，听从指挥，积极配合专业消防人员完成灭火任务；

⑥ 在处置过程中，应明确责任人、工作任务等关键信息，确保各项措施得到有效执行。

七、任务计划和任务准备

1. 小组讨论，并从人员操作、作业环境、有毒有害物质、设备和工具等方面分析本次作业存在的危险因素并提出防护措施（表 3-2）。

表 3-2　危险因素与防护措施

序号	危险因素	危害后果	防护措施
1			
2			
3			
4			
5			
6			
7			
8			
9			

2. 小组讨论，从个人防护、岗位职责、作业流程规范与安全要求等方面提出实施本次任务时的注意事项。

（1）________________

（2）________________

（3）________________

（4）________________

（5）________________

（6）________________

3. 制定完成本次任务的工作流程。

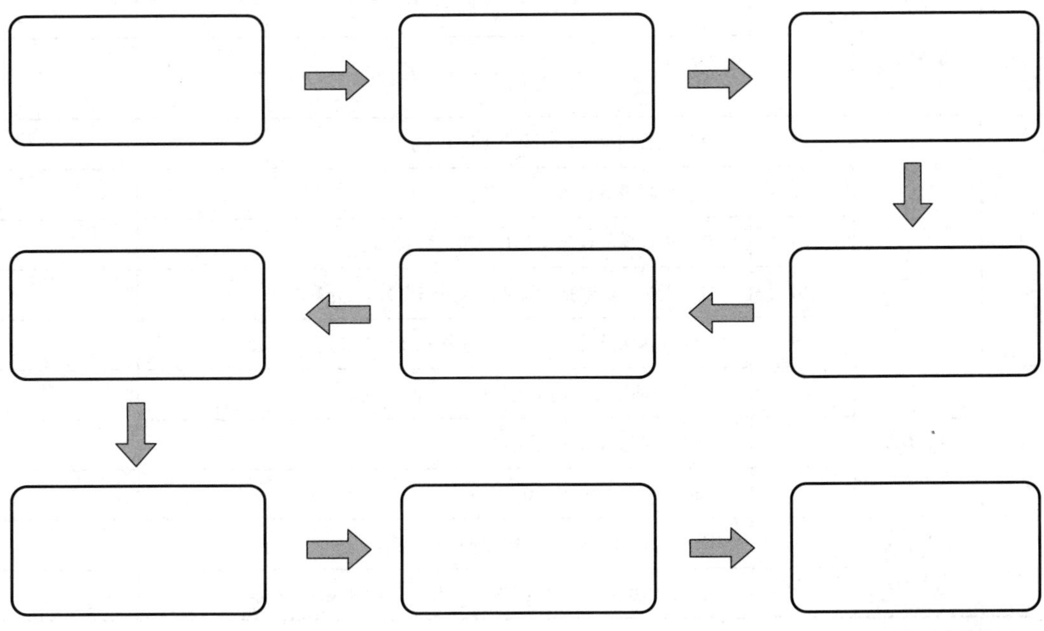

4. 实施本次任务，需准备的防护用品和工具见表 3-3。

表 3-3　个人防护用品和工具清单

序号	项目	名称及规格	数量	分工
1	作业工具			
2	个人防护用品			
3	消防器材			
4	备品配件			

八、任务实施与评价

1. 小组互评（表 3-4）

表 3-4　任务评分表

聚合釜超温超压事故				
序号	考核项目	步骤	考核内容	得分
1	事故预警（2 分）	1	[I]- 汇报班长上位机报警器报警（报警器报警）（2 分）	
2	事故确认（2 分）	2	[M]- 班长通知外操去现场查看（现场查看）（2 分）	
3	事故汇报（10 分）	3.1	[P]- 汇报出事工段（聚合工段）（2 分）	
		3.2	[P]- 汇报事故设备（聚合釜）（2 分）	
		3.3	[P]- 汇报事故现象（压力表超压）（2 分）	
		3.4	[P]- 汇报人员受伤情况（无人员伤亡）（2 分）	
		3.5	[P]- 现场状况是否可控（可控）（2 分）	
4	启动预案及事故判断（16 分）	4.1	[M]- 启动聚合釜超温超压应急预案（2 分）	
		4.2	[M]- 向调度室汇报相关情况（4 分）	
		4.3	[I]- 软件选择事故（10 分）	
5	事故处理（55 分）	5.1	[I]- 关闭热媒进口控制阀 HV1102（3 分）	
		5.2	[I]- 将热媒出口控制阀 TV1102 调至手动并关闭（3 分）	

续表

聚合釜超温超压事故				
序号	考核项目	步骤	考核内容	得分
5	事故处理（55分）	5.3	[I]- 开启冷媒进口控制阀 HV1101（3 分）	
		5.4	[I]- 将冷媒出口控制阀 TV1101 调至手动，调节开度，控制温度（3 分）	
		5.5	[P]- 开启阀门 XV2005（3 分）	
		5.6	[I]- 开启 FV1102，调节滴加常规终止剂（3 分）	
		5.7	[I]- 启动紧急终止剂控制按钮，准备随时加入（3 分）	
		5.8	[I]- 压力、温度调节控制（10 分）	
		5.9	[I]- 达到目标温度、压力后关闭 FV1102（3 分）	
		5.10	[I]- 达到目标温度后 TV1101 投自动（3 分）	
		5.11	[I]- 关闭终止剂控制按钮（3 分）	
		5.12	[I]- 开启 HV1105，泄压（2 分）	
		5.13	[I]- 当 PI1101 为 0.1 MPa 以下后关闭 HV1105（2 分）	
		5.14	[P]- 关闭阀门 XV2005（3 分）	
		5.15	[P]- 检查 XV2003 满开（翻牌）（2 分）	
		5.16	[P]- 检查 XV2004 满开（翻牌）（2 分）	
		5.17	[P]- 检查 XV2006 满开（翻牌）（2 分）	
		5.18	[P]- 检查 XV2001 关闭（翻牌）（2 分）	
6	事故分析（8分）	6	[I]- 完成事故分析报告（8 分）	
7	汇报及恢复（7分）	7	[M/I/P]- 事故处理完成向调度室汇报，并恢复现场（7 分）	
总分				

2. 教师评价（表 3-5）

表 3-5　考核评价表

项目名称	评价内容	得分
职业素养（30 分）	积极参加教学活动，按时完成工作活页（10 分）	
	团队合作（10 分）	
	保持现场整洁（10 分）	
专业能力（70 分）	引导问题回答正确（20 分）	
	操作过程规范、熟练（40 分）	
	无不安全、不文明操作（10 分）	

续表

项目名称	评价内容	得分
总分		
本次任务得分	小组互评 ×70%＋教师评价 ×30%	

3. 评价与分析

任务完成后，根据任务实施情况，分析存在的问题及原因（表 3-6）。

表 3-6　任务实施情况分析表

任务实施过程	存在的问题	原因

学生签字：	教师签字：
	年　月　日

任务二　泄漏事故处理

一、学习情境

压力容器广泛应用于石油化工、能源、制药等各个领域，用于储存、运输和处理各种气体、液体或蒸汽。然而，由于其承载高压、高温或腐蚀性介质，一旦操作不当或维护管理不到位，极易引发安全事故，对人员和环境造成巨大威胁。了解压力容器的结构、工作原理以及常见泄漏原因，并掌握泄漏应急处理措施，能够在泄漏事故发生时迅速应对，减少事故对设备和人员的损害。因此，学习压力容器泄漏知识对于预防事故、确保安全生产具有极其重要的意义。

二、学习目标

知识目标

1. 了解压力容器基础知识。
2. 熟悉承压设备安全事故的因素及防范措施。

能力目标

能够分析压力容器泄漏事故的原因，并提出针对性的防范措施。

素质目标

1. 提升安全意识，严格遵循操作规程和安全制度。

2. 培养学生成为安全生产的守护者，具备在紧急情况下迅速响应和有效处置的能力。

3. 树立全局观念，能够冷静思考并有效组织团队协作。

三、任务描述

汽提塔的塔顶法兰垫片损坏，加之汽提塔内部正压，造成了严重的泄漏事故。作为应急处理小组的成员，面对这一紧急情况，需要迅速分析原因，并采取应急措施，防止事故扩大。

四、任务分组

人员分工见表 3-7。

表 3-7　人员分工表

成员	姓名	学号	角色分工
组长			
小组成员			

五、引导问题

问题 1：分小组查阅资料，举出一则压力容器泄漏事故案例，分析事故发生的原因。

______

______

______

问题 2：回顾聚氯乙烯生产工艺，若汽提塔发生泄漏事故，分析会有哪些事故现象？

______

______

______

问题 3：汽提塔发生泄漏事故，可能造成的危害有哪些？

______

______

______

问题 4：小组讨论，提出汽提塔泄漏后的事故处理流程。

____

____

____

六、知识链接

知识链接：压力容器泄漏时的应急措施

（1）发现事故

事故第一发现人立刻向当班班长汇报现场情况，报告应包括但不限于以下内容：

① 装置名称、发生时间、地点和部位、泄漏介质、大约数量；

② 管线、设施损坏的情况；

③ 人员伤亡情况；

④ 事件简要情况；

⑤ 已采取的应急措施。

（2）启动应急预案

当班班长宣布进入事故应急状态，布置应急处置措施，启动应急预案，负责向应急领导小组报告现场情况，应急小组未到达现场前班长对现场的应急工作全面负责。

（3）紧急处置

根据事故类型，采取关闭阀门、启动紧急冷却系统、排放压力等措施。

① 关闭与事故设备相关的阀门和管道，切断物料来源；

② 对于易燃易爆介质泄漏的情况，要迅速切断与容器相关的火源，如电源或明火，防止事故进一步扩大；

③ 对于超温引起超压导致的泄漏事故，开启设备的冷却系统，对设备进行降温处理；

④ 密切监测设备温度和压力，确保降温降压过程安全可控；

⑤ 确保人员安全撤离，避免人员伤亡。

（4）现场泄漏处置

进入现场人员必须按规定穿戴好防护用品，防止静电火花。抢险人员需佩戴空气呼吸器进入现场救援，以防着火爆炸事故的发生。

（5）现场建立警戒

在事故现场周围建立安全隔离区，禁止无关人员靠近，并进行封锁措施，防止危险物质泄漏进一步扩散。

（6）现场监测保护

质检中心分析人员随时用可燃气体检测仪监视检测警戒区内的可燃气体浓度，人员随时做好撤离准备。

（7）泄漏控制

① 封堵泄漏点。对于出现泄漏的地方，应采取封堵措施，防止泄漏物继续泄漏。根据容器介质不同采用专用堵漏技术和工具进行堵漏。

② 收集泄漏物。如果液体或气体已经泄漏，应当及时采取措施进行收集，以免造成

二次污染等环境问题。

（8）注意事项

① 在处理泄漏事故时，要穿戴好相应的防护装备，如防护服、防护眼镜、手套等，确保个人安全；

② 在处理易燃易爆介质泄漏时，要特别注意防止电火花的产生，如关闭相关设备的电源，禁用移动通信设备等；

③ 在处理过程中，要保持冷静和理智，不要惊慌失措或盲目行动，以免造成更大的损失或伤害；

④ 在处置过程中，应明确责任人、工作任务等关键信息，确保各项措施得到有效执行。

七、任务计划和任务准备

1. 小组讨论，并从人员操作、作业环境、有毒有害物质、设备和工具等方面分析本次作业存在的危险因素并提出防护措施（表 3-8）。

表 3-8　危险因素与防护措施

序号	危险因素	危害后果	防护措施
1			
2			
3			
4			
5			
6			
7			
8			
9			

2. 小组讨论，从个人防护、岗位职责、作业流程规范与安全要求等方面提出实施本次任务时的注意事项。

（1）______________________________

（2）______________________________

（3）______________________________

（4）______________________________

（5）______________________________

（6）______________________________

3. 制定完成本次任务的工作流程。

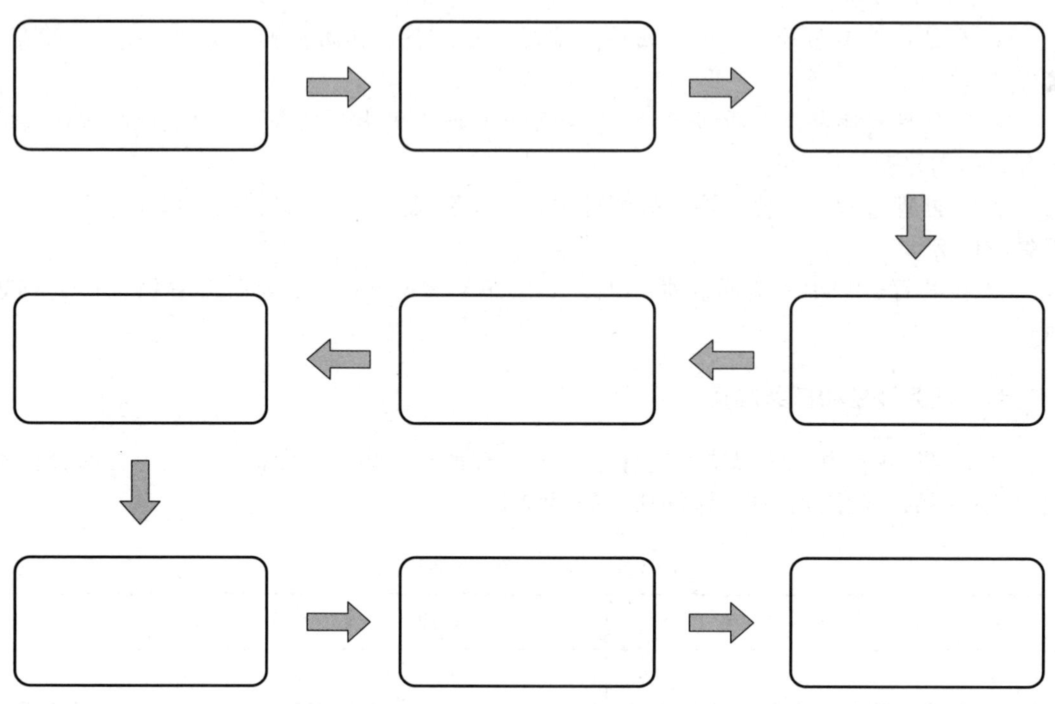

4. 实施本次任务，需准备的防护用品和工具见表 3-9。

表 3-9　个人防护用品和工具清单

序号	项 目	名称及规格	数量	分工
1	作业工具			
2	个人防护用品			
3	消防器材			
4	备品配件			

八、任务实施与评价

1. 小组互评（表 3-10）

表 3-10　任务评分表

<table>
<tr><th>序号</th><th>考核项目</th><th>步骤</th><th colspan="2">考核内容</th><th>得分</th></tr>
<tr><td>1</td><td>事故预警
（2 分）</td><td>1</td><td colspan="2">[I]- 汇报班长上位机报警器报警（报警器报警）（2 分）</td><td></td></tr>
<tr><td>2</td><td>事故确认
（2 分）</td><td>2</td><td colspan="2">[M]- 班长通知外操去现场查看（现场查看）（2 分）</td><td></td></tr>
<tr><td rowspan="5">3</td><td rowspan="5">事故汇报
（10 分）</td><td>3.1</td><td colspan="2">[P]- 汇报出事工段（聚合工段）（2 分）</td><td></td></tr>
<tr><td>3.2</td><td colspan="2">[P]- 汇报事故设备（汽提塔）（2 分）</td><td></td></tr>
<tr><td>3.3</td><td colspan="2">[P]- 汇报泄漏的位置（塔顶法兰）（2 分）</td><td></td></tr>
<tr><td>3.4</td><td colspan="2">[P]- 汇报人员受伤情况（无人员伤亡）（2 分）</td><td></td></tr>
<tr><td>3.5</td><td colspan="2">[P]- 现场状况是否可控（可控）（2 分）</td><td></td></tr>
<tr><td rowspan="3">4</td><td rowspan="3">启动预案及判断
（15 分）</td><td>4.1</td><td colspan="2">[M]- 启动汽提塔泄漏应急预案（2 分）</td><td></td></tr>
<tr><td>4.2</td><td colspan="2">[M]- 通知调度室事故情况（3 分）</td><td></td></tr>
<tr><td>4.3</td><td colspan="2">[I]- 软件选择事故（10 分）</td><td></td></tr>
<tr><td rowspan="7">5</td><td rowspan="7">事故处置
（56 分）</td><td>5.1</td><td>[I]- 将蒸气控制阀 TV1103 调至手动并关闭（4 分）</td><td>[M/P]- 过滤式防毒面具 / 化学防护手套 / 静电消除（16 分）</td><td></td></tr>
<tr><td>5.2</td><td>[I]- 将物料进口控制阀 FIV6001 调成手动并关闭（4 分）</td><td>[P]- 现场拉警戒线（4 分）</td><td></td></tr>
<tr><td>5.3</td><td>[I]- 关闭泵 P1102（4 分）</td><td>[P]- 关闭阀门 XV6001（4 分）</td><td></td></tr>
<tr><td>5.4</td><td>[I]- 关闭泵 P1101A（4 分）</td><td>[P]- 关闭阀门 XV6003（4 分）</td><td></td></tr>
<tr><td>5.5</td><td colspan="2">[P]- 关闭阀门 XV6004（4 分）</td><td></td></tr>
<tr><td>5.6</td><td colspan="2">[P]- 关闭阀门 XV6008（4 分）</td><td></td></tr>
<tr><td>5.7</td><td colspan="2">[P]- 关闭阀门 XV6009（4 分）</td><td></td></tr>
<tr><td>6</td><td>事故分析
（8 分）</td><td>6</td><td colspan="2">[I]- 完成事故分析报告（8 分）</td><td></td></tr>
<tr><td>7</td><td>汇报及恢复
（7 分）</td><td>7</td><td colspan="2">[M/I/P]- 事故处理完成向调度室汇报，并恢复现场（7 分）</td><td></td></tr>
<tr><td colspan="3">总分</td><td colspan="3"></td></tr>
</table>

2. 教师评价（表 3-11）

表 3-11　考核评价表

项目名称	评价内容	得分
职业素养（30 分）	积极参加教学活动，按时完成工作活页（10 分）	
	团队合作（10 分）	
	保持现场整洁（10 分）	
专业能力（70 分）	引导问题回答正确（20 分）	
	操作过程规范、熟练（40 分）	
	无不安全、不文明操作（10 分）	
总分		
本次任务得分	小组互评 ×70% + 教师评价 ×30%	

3. 评价与分析

任务完成后，根据任务实施情况，分析存在的问题及原因（表 3-12）。

表 3-12　任务实施情况分析表

任务实施过程	存在的问题	原因

学生签字：	教师签字：
	年　　月　　日

任务三　中毒窒息事故应急处理

一、学习情境

中毒窒息事故是指在化工生产过程中，有毒有害气体或物质泄漏，导致人体吸入后引起的中毒或窒息现象。中毒窒息事故不仅威胁着员工的生命安全和健康，也对企业的正常运营和周边环境产生深远影响。因此，深入了解和学习处理中毒窒息事故的相关知识，掌握事故的预防、应急响应及救援知识，提高从业人员的安全意识和应急处理能力，对于提升整个化工行业的安全水平具有重要意义。

二、学习目标

知识目标

1. 熟悉常见的工业毒物及其对健康的危害。
2. 掌握危化品泄漏的危险性及产生的后果。
3. 掌握泄漏处理和生产现场人员中毒应急预案。
4. 掌握中毒窒息的急救措施。

能力目标

1. 能够根据生产现场危化品种类选择防护用品并正确进行个人防护。
2. 能够在中毒窒息事故发生时迅速采取自救措施，并有能力救助他人。
3. 能够进行团队协作，根据要求完成事故处理。

素质目标

1. 培养对危化品生产过程保持敬畏之心，严格遵循操作规程和安全制度。
2. 成为安全生产的守护者，具备在紧急情况下迅速响应和有效处置的能力。
3. 面对中毒窒息事故时要有全局观念，能够冷静思考并有效组织团队协作。

三、任务描述

如图 3-3，在聚氯乙烯（PVC）生产过程中，由于聚合釜造成反应的化学介质泄漏，并有一名人员中毒，现需要你班组抢救中毒人员，并对该事故进行应急处理。

图 3-3　PVC 聚合釜安全阀处泄漏

四、任务分组

人员分工如表 3-13 所示。

表 3-13　人员分工表

成员	姓名	学号	角色分工
组长			
小组成员			

五、引导问题

事故案例：2023 年 2 月 3 日，美国诺福克南方铁路公司一列运载危险品的列车在行经俄亥俄州小镇东巴勒斯坦时倾覆，造成 50 节车厢脱轨或损坏，其中 5 节车厢载有氯乙烯。美国俄亥俄州应急部门 2 月 6 日对发生脱轨事故的火车后续问题进行了处理，将 5 节车厢所装载的有毒化学物质氯乙烯进行了排放。氯乙烯是一种有毒易燃气体，排放时车厢燃起大火，冒出浓烟。当天脱轨事故现场附近有约 1900 名居民撤离。

问题 1：回顾氯乙烯及聚氯乙烯的性质、用途、泄漏危害及救援措施等内容。

问题 2：回顾氯乙烯生产工艺流程，分析若聚合釜发生泄漏事故，会有哪些事故现象？可能会引起哪些危害？

问题 3：小组讨论，提出氯乙烯泄漏后的事故处理流程。

问题 4：若有人员中毒，应采取哪些救援措施？

六、知识链接

知识链接 1：中毒知识

（1）毒物进入人体的途径

生产性毒物进入人体的途径主要有呼吸道、皮肤和消化道。

① 呼吸道。这是最常见和主要的途径。呈气体、气溶胶（粉尘、烟、雾）状态的毒物均可经呼吸道进入人体。

② 皮肤。在生产中，毒物经皮肤吸收而中毒者也较常见。某些毒物可透过完整的皮肤进入体内。

③ 消化道。在生产环境中，单纯从消化道吸收而引起中毒的机会比较少见。往往是由于手被毒物污染后直接用污染的手拿食物吃，从而造成毒物随食物进入消化道。

（2）常见的化工职业中毒

① 刺激性气体中毒

刺激性气体是指对人的眼睛、皮肤特别是对呼吸道具有刺激作用的一类气体的总称。常见的刺激性气体主要有氯气、氨气、氮氧化物、光气、二氧化硫等。

② 窒息性气体中毒

窒息性气体是指吸入该气体后，造成人体组织处于缺氧状态的气体。一般分为以下三类。

a. 单纯窒息性气体。如氮气、甲烷、二氧化碳等，造成人体吸入氧不足而发生窒息。

b. 血液窒息性气体。如一氧化碳、一氧化氮、苯的硝基或氨基化合物蒸气等。血液窒息性气体的毒性在于它们能明显降低血红蛋白对氧气的化学结合能力，从而造成组织供氧障碍。

c. 细胞窒息性气体。如硫化氢、氰化氢等，这类毒物主要作用于细胞内的呼吸酶，阻碍细胞对氧的利用从而发生窒息。

③ 铅中毒

④ 汞中毒

⑤ 苯中毒

常见有害气体的性质及不同浓度中毒时的临床表现见表 3-14。

表 3-14　常见有害气体的性质及不同浓度中毒时主要临床表现

有害气体	主要性质	中毒气体质量浓度 /（mg/m^3）	中毒的临床表现
一氧化碳	无色、无味、无刺激性	80	轻度头痛
		250	剧烈头痛、头晕、四肢无力、恶心、呕吐、轻度意识障碍
		400 ～ 600	轻度昏迷
		900 ～ 1400	深度昏迷、植物状态，长时间暴露可致死亡
硫化氢	无色、臭鸡蛋气味	0.01	可嗅出气味
		5 ～ 29	出现眼部刺激及全身症状（头痛、头晕等）

续表

有害气体	主要性质	中毒气体质量浓度/(mg/m^3)	中毒的临床表现
硫化氢	无色、臭鸡蛋气味	70～150	2～5 min 后嗅觉疲劳，1～2 h 出现明显的上呼吸道症状
		＞700～1000	多种全身症状危及生命
		＞1000	瞬间死亡
氯气	黄绿色、异臭、强烈刺激性	0.6～10	可嗅出气味
		15～45	气味明显，并对眼、鼻、上呼吸道产生刺激
		90	立即出现胸痛、呕吐、咳嗽、呼吸困难
		115～170	短期暴露可产生严重损害（中毒性肺炎、肺肿）
		1250	吸入 30 min 可致死亡
		3000	短时间暴露可导致死亡
氨气	无色、异臭、刺激性	0.7	可嗅到
		50～105	眼及呼吸道产生刺激作用
		300	接触 30 min 上呼吸道刺激症状明显
		1750～4500	接触 30 min 即可危及生命
		＞4500～7000	瞬间引起死亡
二氧化氮	棕红色、刺激性	1.88	易感人群可能发生哮喘
		47	呼吸道立即受刺激、胸痛
		188	有肺水肿，可致死亡
		1880	立即昏倒，15 min 死亡

知识链接 2：急性化学中毒急救

（1）隔离、疏散

① 建立警戒区域

a. 警戒区域的边界应设警示标志，并有专人警戒；

b. 除消防、应急处理人员以及必须坚守岗位的人员外，其他人员禁止进入警戒区；

c. 泄漏溢出的危险化学品为易燃品时，区域内应严禁火种。

② 紧急疏散

a. 如事故物质有毒时，需要佩戴个体防护用品或采用简易有效的防护措施，并有相应的监护措施；

b. 应向侧上风方向转移，明确专人引导和护送疏散人员到安全区，并在疏散或撤离的路线上设立哨位，指明方向；

c. 不要在低洼处滞留；

d. 要查清是否有人留在污染区与着火区。

（2）防护

根据事故物质的毒性及划定的危险区域，确定相应的防护等级，并根据防护等级按标准配备相应的防护器具。

（3）询情和侦检

① 询问遇险人员情况，容器储量、泄漏量、泄漏时间、部位、形式、扩散范围，周边单位、居民、地形、电源、火源等情况，消防设施、工艺措施、到场人员处置意见。

② 使用检测仪器测定泄漏物质、浓度、扩散范围。

③ 确认设施、建（构）筑物险情及可能引发爆炸燃烧的各种危险源，确认消防设施运行情况。

（4）现场急救

① 现场急救注意事项

a. 选择有利地形设置急救点；

b. 做好自身及伤病员的个体防护；

c. 防止发生继发性损害；

d. 应至少 2 ～ 3 人为一组集体行动，以便相互照应，所用的救援器材须具备防爆功能。

② 现场救护病人的搬运方式

a. 拖两臂法；

b. 两人抬四肢法；

c. 拖衣服法。

③ 现场处理

a. 迅速使患者脱离现场至空气新鲜处；

b. 呼吸困难时给氧，呼吸停止时立即进行人工呼吸，心脏骤停时立即进行胸外按压；

c. 皮肤污染时，脱去污染的衣服，用流动清水冲洗，冲洗要及时、彻底、反复多次；

d. 头面部灼伤时，要注意眼、耳、鼻、口腔的清洗；

e. 当人员发生冻伤时，应迅速复温，复温的方法是采用 40 ～ 42 ℃恒温热水浸泡，使其温度提高至接近正常，在对冻伤的部位进行轻柔按摩时，应注意不要将伤处的皮肤擦破，以防感染；

f. 当人员发生烧伤时，应迅速将患者衣服脱去，用流动清水冲洗降温，用清洁布覆盖创伤面，避免创伤面污染，不要随意把水疱弄破，患者口渴时，可适量饮水或含盐饮料。

④ 使用特效药物对症治疗，严重者送医院观察治疗

知识链接 3：担架的使用方法及注意事项

（1）使用前检查

检查担架是否完好，确保担架牢固，无松动或损坏。

（2）伤员固定

伤员肢体在担架内；胸部绑带固定；腿部绑带固定。

（3）搬运

抬起伤员时，先抬头后抬脚；放下伤员时，先放脚后放头；搬运时伤员脚在前，头在后。

七、任务计划和任务准备

1. 小组讨论，并从人员操作、作业环境、有毒有害物质、设备和工具等方面分析本次作业存在的危险因素并提出防护措施（表 3-15）。

表 3-15　危险因素与防护措施

序号	危险因素	危害后果	防护措施
1			
2			
3			
4			
5			
6			
7			
8			

2. 小组讨论，从个人防护、岗位职责、作业流程规范与安全要求等方面提出实施本次任务时的注意事项。

（1）________________

（2）________________

（3）________________

（4）________________

（5）________________

（6）________________

3. 制定完成本次任务的工作流程。

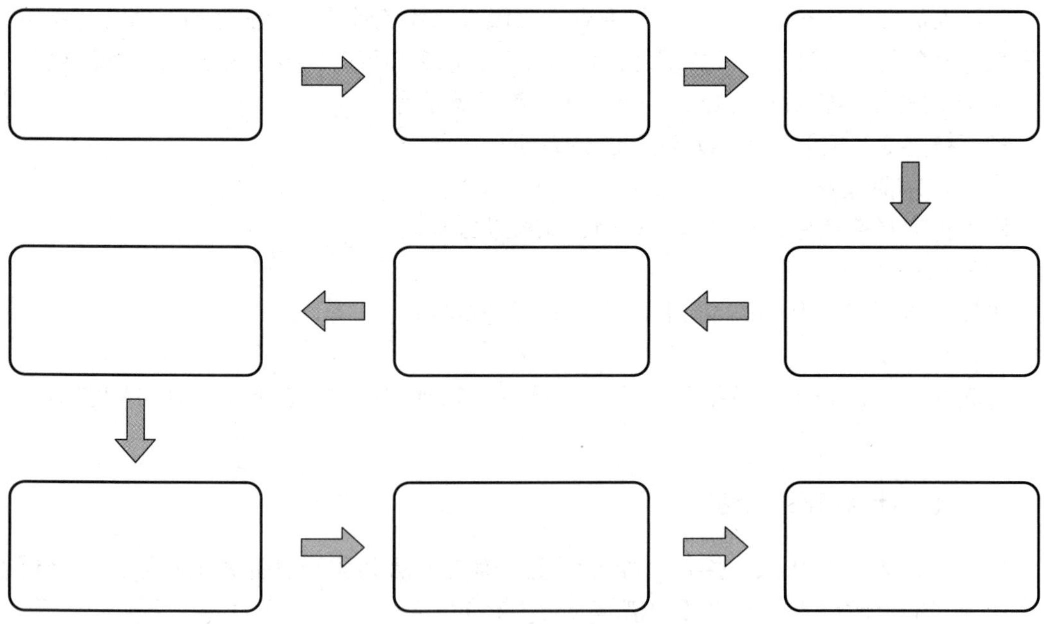

4. 实施本次任务，需准备的防护用品和工具见表 3-16。

表 3-16　个人防护用品和工具清单

序号	项 目	名称及规格	数量	分工
1	作业工具			
2	个人防护用品			
3	消防器材			
4	备品配件			

八、任务实施与评价

1. 小组互评（表 3-17）

表 3-17　任务评分表

<table>
<tr><th>序号</th><th>考核项目</th><th>步骤</th><th colspan="2">考核内容</th><th>得分</th></tr>
<tr><td>1</td><td>事故预警（1 分）</td><td>1</td><td colspan="2">[I]- 汇报班长上位机报警器报警（聚合釜超温超压）（1 分）</td><td></td></tr>
<tr><td>2</td><td>事故确认（1 分）</td><td>2</td><td colspan="2">[M]- 班长通知外操去现场查看（现场查看）（1 分）</td><td></td></tr>
<tr><td rowspan="5">3</td><td rowspan="5">事故汇报（5 分）</td><td>3.1</td><td colspan="2">[P]- 汇报出事工段（聚合工段）（1 分）</td><td></td></tr>
<tr><td>3.2</td><td colspan="2">[P]- 汇报事故设备（聚合釜）（1 分）</td><td></td></tr>
<tr><td>3.3</td><td colspan="2">[P]- 汇报泄漏的位置（安全阀）（1 分）</td><td></td></tr>
<tr><td>3.4</td><td colspan="2">[P]- 汇报人员受伤情况（中毒）（1 分）</td><td></td></tr>
<tr><td>3.5</td><td colspan="2">[P]- 现场状况是否可控（可控）（1 分）</td><td></td></tr>
<tr><td rowspan="4">4</td><td rowspan="4">启动预案及事故判断（16 分）</td><td>4.1</td><td colspan="2">[M]- 启动聚合釜泄漏应急预案（2 分）</td><td></td></tr>
<tr><td>4.2</td><td colspan="2">[M]- 立即启动聚合工段人员中毒应急预案（2 分）</td><td></td></tr>
<tr><td>4.3</td><td colspan="2">[M]- 汇报调度室相关情况（2 分）</td><td></td></tr>
<tr><td>4.4</td><td colspan="2">[I]- 软件选择事故（10 分）</td><td></td></tr>
<tr><td>5</td><td>事故处理（68 分）</td><td>5.1</td><td>[I]- 将热媒出口控制阀 TV1102 调至手动并关闭（2 分）</td><td>[M/P]- 防化服 / 自给式呼吸器（10 分）</td><td></td></tr>
</table>

续表

<table>
<tr><th>序号</th><th>考核项目</th><th>步骤</th><th colspan="2">考核内容</th><th>得分</th></tr>
<tr><td rowspan="11">5</td><td rowspan="11">事故处理
（68 分）</td><td>5.2</td><td>[I]- 关闭热媒进口控制阀 HV1102（2 分）</td><td>[M/P]- 担架的正确使用（14 分）</td><td></td></tr>
<tr><td>5.3</td><td>[I]- 将冷媒出口控制阀 TV1101 调至手动，满开（2 分）</td><td>[M/P]- 将中毒人员转移至通风点（4 分）</td><td></td></tr>
<tr><td>5.4</td><td>[I]- 开启冷媒进口控制阀 HV1101（2 分）</td><td>[P]- 现场拉警戒线 / 设警戒标志（4 分）</td><td></td></tr>
<tr><td>5.5</td><td>[I]- 开启终止剂加入程序（2 分）</td><td>[P]- 开启聚合釜泄压阀门 XV2007（3 分）</td><td></td></tr>
<tr><td>5.6</td><td>[I]- 开启 HV1103（2 分）</td><td>[P]- 当温度稳定在 58 ℃左右及釜内压力 PI2001 降至 0.1 MPa 以下时，关闭阀门 XV2007（5 分）</td><td></td></tr>
<tr><td>5.7</td><td colspan="2">[I]- 开启 HV1104（2 分）</td><td></td></tr>
<tr><td>5.8</td><td colspan="2">[I]- 密切关注终止剂加入，完成加入操作，关闭终止剂加入程序（初始为 40%，加入终止点为 20% 左右）（6 分）</td><td></td></tr>
<tr><td>5.9</td><td colspan="2">[I]- 关闭 HV1103（2 分）</td><td></td></tr>
<tr><td>5.10</td><td colspan="2">[I]- 关闭 HV1104（2 分）</td><td></td></tr>
<tr><td>5.11</td><td colspan="2">[I]- 开启 HV1105，泄压（2 分）</td><td></td></tr>
<tr><td>5.12</td><td colspan="2">[I]- 当 P11101 降至 0.1 MPa 以下后关闭 HV1105（2 分）</td><td></td></tr>
<tr><td>6</td><td>事故分析
（8 分）</td><td>6</td><td colspan="2">[I]- 完成事故分析报告（8 分）</td><td></td></tr>
<tr><td>7</td><td>汇报及恢复
（1 分）</td><td>7</td><td colspan="2">[M/P/I]- 事故处理完成向调度室汇报，并恢复现场（1 分）</td><td></td></tr>
<tr><td colspan="3">总分</td><td colspan="3"></td></tr>
</table>

2. 教师评价（表 3-18）

表 3-18　考核评价表

<table>
<tr><th>项目名称</th><th>评价内容</th><th>得分</th></tr>
<tr><td rowspan="3">职业素养
（30 分）</td><td>积极参加教学活动，按时完成工作活页（10 分）</td><td></td></tr>
<tr><td>团队合作（10 分）</td><td></td></tr>
<tr><td>保持现场整洁（10 分）</td><td></td></tr>
<tr><td rowspan="3">专业能力
（70 分）</td><td>引导问题回答正确（20 分）</td><td></td></tr>
<tr><td>操作过程规范、熟练（40 分）</td><td></td></tr>
<tr><td>无不安全、不文明操作（10 分）</td><td></td></tr>
</table>

续表

项目名称	评价内容	得分
总分		
本次任务得分	小组互评 ×70%＋教师评价 ×30%	

3. 评价与分析

任务完成后，根据任务实施情况，分析存在的问题及原因（表 3-19）。

表 3-19　任务实施情况分析表

任务实施过程	存在的问题	原因

学生签字：	教师签字：
	年　　月　　日

任务四　短时间停电事故处理

一、学习情境

化工生产过程对电力供应的依赖程度极高，一旦发生停电事故，不仅可能导致生产中断、设备损坏，还可能对人员安全和环境造成严重影响。因此，对化工企业停电事故类型及危害进行深入分析，制定有效的预防和应对措施，对于保障企业安全生产具有重要意义。

二、学习目标

知识目标

1. 掌握化工生产过程停电事故的常见原因和影响。
2. 了解停电事故应急预案的基本内容。
3. 掌握停电事故处置流程。

能力目标

1. 能够识别并评估化工生产过程停电事故的风险。

2. 能够根据应急预案迅速启动应急处置措施。

3. 能够有效地组织和协调现场应急资源。

素质目标

1. 培养安全意识，提高对化工生产安全的重视程度。

2. 提升团队协作能力和应急反应能力。

三、任务描述

电聚合釜在升温过程中由于动力供电临时故障，正在启动备用供电，动力电短时停。需要你班组对该事故进行应急抢修，尽快恢复正常生产。本次任务的事故装置 PVC 聚合釜见图 3-4。

图 3-4　PVC 聚合釜

四、任务分组

人员分工如表 3-20 所示。

表 3-20　人员分工表

成员	姓名	学号	角色分工
组长			
小组成员			

五、引导问题

事故案例：2021 年 2 月 27 日 23 时 10 分许，吉林某公司发生一起较大中毒事故，造成 5 人死亡、8 人受伤，直接经济损失约 829 万元。事故的直接原因是长丝八车间部分排风机停电停止运行，该车间三楼回酸高位罐酸液中逸出的硫化氢无法经排风管道排出，致硫化氢从高位罐顶部敞口处逸出，并扩散到楼梯间内。硫化氢在楼梯间内大量聚集，达到致死浓度。新原液车间工艺班班长在经楼梯间前往三楼作业岗位途中，吸入硫化氢中毒，在对其施救过程中多人中毒，导致事故后果扩大。

问题 1：根据以上事故案例，查阅资料并分析停电事故有哪些类型及其危害。

____

____

____

问题 2：根据任务描述，针对停电事故，分析可能造成的事故现象有哪些。

____

____

____

问题 3：发生停电事故后，应采取哪些应急措施？

____

____

____

六、知识链接

知识链接 1：停电事故类型和危害

停电分为全公司停电和部分装置、单台动力设备停电。

（1）化工企业停电事故产生的原因

① 供电网络稳定性问题。供电网络的不稳定可能导致电力供应中断，进而引发停电事故。

② 操作失误。操作人员的失误可能导致设备故障或电力供应中断，进而引发停电事故。

③ 自然事故。恶劣天气或地质灾害导致电力供应中断，进而引发停电事故。

④ 应急措施不完善。化工企业在应对停电事故时缺乏有效的应急预案和应急设施，无法及时有效地应对停电事故。

⑤ 其他原因。设备损坏、线路老化、人为破坏等。

（2）在化工企业中，停电事故可能引发多种连锁反应，导致不同类型的事故发生

① 生产线停机。停电导致生产线停止运行，使得生产活动中断，企业无法按时完成生产计划，降低了生产效率，进而影响产品产量和质量。

② 设备损坏。停电过程中，部分设备可能因突然断电而受损，如电机、控制系统等，这些设备的损坏不仅增加了维修成本，还可能导致设备提前报废，增加企业的设备更换成本。

③ 原材料浪费。停电可能导致已投入生产的原材料因无法及时加工而变质、过期，造成原材料的浪费。

④ 安全隐患。在化工企业中，装置正常生产过程中塔、罐、换热器、管线内存储了大量物料，大部分物料为可燃气体或液体，停电事故发生后易造成设备超温、超压，导致危险物质失去控制，如易燃易爆气体、有毒化学品等，增加了安全风险。一旦物料外泄后，可能造成现场操作人员中毒，还可能发生水质或环境污染。

知识链接 2：停电事故应急处置

应急处置基本原则为员工和应急救援人员安全优先，防止事故扩大优先，保护环境优先。应急处置流程如下。

（1）发现事故

事故第一发现人立刻向当班班长汇报现场情况，报告应包括但不限于以下内容：

① 停电装置名称、发生时间、地点和部位；

② 管线、设施损坏的情况；

③ 人员伤亡情况；

④ 事件简要情况；

⑤ 已采取的应急措施。

（2）启动应急预案

当班班长宣布进入事故应急状态，布置应急处置措施，启动应急预案，负责向应急领导小组报告现场情况，应急小组未到达现场前班长对现场的应急工作全面负责。同时告知调度室，发生停电事故，已启动相应应急预案。

（3）现场应急操作

① 生产工艺处理

室内和室外岗位操作人员严格按照紧急停车操作规程进行各工序停车。

② 电气工艺处置

a. 主要针对危险装置采取紧急停车的措施，启动停电现场处置方案；

b. 严格按照紧急停车操作规程的操作步骤和停电现场处置方案进行停车作业；

c. 处理结束后，要组织检查、确认，并做好记录，严格执行挂牌制度，同时为来电后开车做好充分准备。

③ 注意事项

若在处置过程当中，出现主要危险生产装置压力、温度异常，有可能发生事故或发生危险化学品泄漏等现象，应立即按照危险化学品专项应急救援预案报告程序进行报告，并启动危化品事故应急预案。

七、任务计划和任务准备

1. 小组讨论，并从人员操作、作业环境、有毒有害物质、设备和工具等方面分析本次作业存在的危险因素并提出防护措施（表 3-21）。

表 3-21　危险因素与防护措施

序号	危险因素	危害后果	防护措施
1			
2			
3			
4			
5			
6			
7			
8			

2. 小组讨论，从个人防护、岗位职责、作业流程规范与安全要求等方面提出实施本次任务时的注意事项。

（1）________________

（2）________________

（3）________________

（4）________________

（5）________________

（6）________________

3. 制定完成本次任务的工作流程。

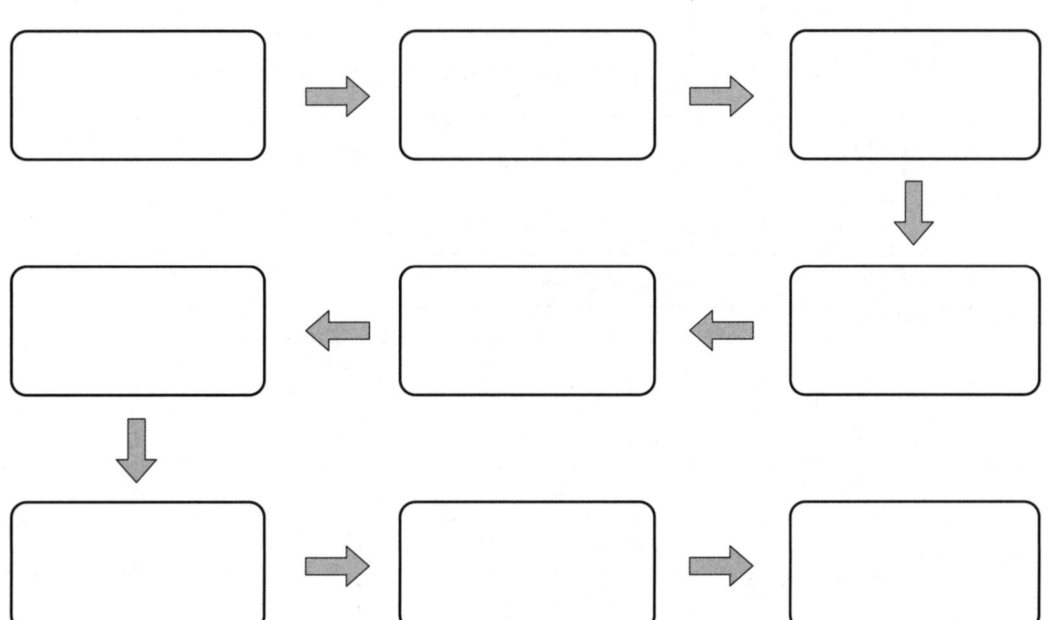

4. 实施本次任务，需准备的防护用品和工具如表 3-22 所示。

表 3-22 个人防护用品和工具清单

序号	项 目	名称及规格	数量	分工
1	作业工具			
2	个人防护用品			
3	消防器材			
4	备品配件			

八、任务实施与评价

1. 小组互评（表 3-23）

表 3-23 任务评分表

聚合工段短时停电事故				
序号	考核项目	步骤	考核内容	得分
1	事故预警（2 分）	1	[I]- 汇报班长上位机报警器报警（报警器报警）（2 分）	
2	事故确认（2 分）	2	[M]- 班长通知外操去现场查看（现场查看）（2 分）	
3	事故汇报（10 分）	3.1	[P]- 汇报出事工段（聚合工段）（2 分）	
		3.2	[P]- 汇报事故设备（聚合釜）（2 分）	
		3.3	[P]- 汇报事故现象（动力电故障）（2 分）	
		3.4	[P]- 汇报人员受伤情况（无人员受伤）（2 分）	
		3.5	[P]- 现场状况是否可控（可控）（2 分）	
4	启动预案及事故判断（15 分）	4.1	[M]- 启动聚合釜短时停电应急预案（2 分）	
		4.2	[M]- 向调度室汇报相关情况（3 分）	
		4.3	[I]- 软件选择事故（10 分）	

续表

聚合工段短时停电事故				
序号	考核项目	步骤	考核内容	得分
5	事故处理（60分）	5.1	[I]- 关闭热媒进口控制阀 HV1102（3 分）	
		5.2	[I]- 将热媒出口控制阀 TV1102 调至手动并关闭（3 分）	
		5.3	[I]- 开启冷媒控制阀 HV1101（4 分）	
		5.4	[I]- 将冷媒出口控制阀 TV1101 调至手动，开度调 100%，控制温度（3 分）	
		5.5	[P]- 检查 XV2003 满开（翻牌）（2 分）	
		5.6	[P]- 检查 XV2004 满开（翻牌）（2 分）	
		5.7	[P]- 检查 XV2006 满开（翻牌）（2 分）	
		5.8	[P]- 检查 XV2001 关闭（翻牌）（2 分）	
		5.9	[I]- 供电恢复后点开聚合釜搅拌电机（3 分）	
		5.10	[I]- 将冷媒出口控制阀 TV1101 关闭（3 分）	
		5.11	[I]- 关闭冷媒进口控制阀 HV1101（3 分）	
		5.12	[I]- 开启热媒进口控制阀 HV1102（3 分）	
		5.13	[I]- 调节热媒出口控制阀 TV1102 继续升温（3 分）	
		5.14	[I]- 压力温度调节控制（10 分）	
		5.15	[I]- 升温（TI2001）至 58 ℃左右后，关闭 HV1102（5 分）	
		5.16	[I]- 关闭 TV1102（3 分）	
		5.17	[I]- 开启冷媒进口控制阀 HV1101（3 分）	
		5.18	[I]- 将冷媒出口控制阀 TV1101 开启并投自动（3 分）	
6	事故分析（8分）	6	[I]- 完成事故分析报告（8 分）	
7	汇报及恢复（3分）	7	事故处理完成向调度室汇报，并恢复现场（3 分）	
总分				

2. 教师评价（表 3-24）

表 3-24　考核评价表

项目名称	评价内容	得分
职业素养（30分）	积极参加教学活动，按时完成工作活页（10 分）	
	团队合作（10 分）	
	保持现场整洁（10 分）	

续表

项目名称	评价内容	得分
专业能力（70 分）	引导问题回答正确（20 分）	
	操作过程规范、熟练（40 分）	
	无不安全、不文明操作（10 分）	
总分		
本次任务得分	小组互评 ×70% + 教师评价 ×30%	

3. 评价与分析

任务完成后，根据任务实施情况，分析存在的问题及原因（表 3-25）。

表 3-25　任务实施情况分析表

任务实施过程	存在的问题	原因

学生签字：	教师签字：
	年　　月　　日

任务五　着火事故处理

一、学习情境

在化工企业中，火灾事故是常见的安全风险之一。学习并掌握扑救生产装置初起火灾的基本措施，确保化工企业在火灾事故发生时能够快速、有效地响应，并采取相应的措施控制和消除火灾，同时降低事故对周围环境的影响，对于保障员工的生命安全，减少财产损失和环境污染，是非常必要的。

二、学习目标

知识目标

1. 了解燃烧与爆炸的基本知识。

2. 掌握消防器材的使用方法及注意事项。
3. 掌握扑救生产装置初起火灾的基本措施。

能力目标

1. 能够分析生产装置及工艺过程中的火灾爆炸危险性，制定生产现场着火应急预案。
2. 能根据燃烧介质正确选择防护用品并能正确防护。

素质目标

1. 培养团队协作能力，根据要求完成事故处理。
2. 自觉树立安全意识，养成良好的职业安全习惯。

三、任务描述

氯乙烯球罐泄漏造成球罐区域内小面积着火（初期火灾），事故装置见图 3-5，但仍有事故扩大的可能，现需要你班组成员对该初期火灾事故进行应急处理。

图 3-5　氯乙烯球罐

四、任务分组

人员分工如表 3-26 所示。

表 3-26　人员分工表

成员	姓名	学号	角色分工
组长			
小组成员			

五、引导问题

事故案例：2019 年 9 月 29 日 13 时 10 分许，宁波某公司发生重大火灾事故，事故造成 19 人死亡，3 人受伤，过火总面积约 1100 m^2，直接经济损失约 2380.4 万元。该起事故的直接原因是公司员工孙某将加热后的异构烷烃混合物倒入塑料桶时，因静电放电引起可燃蒸气起火燃烧。起火后，该员工未就近取用灭火器灭火，而是试图用嘴吹灭、采用纸板扑打、覆盖塑料桶等方法灭火，持续 4 分多钟，灭火未成功，最终导致火势蔓延。事故调查组认定，该公司“9·29”火灾事故是一起重大生产安全责任事故。

小组讨论分析，并回答问题。

问题 1：化工厂火灾事故对环境和人类有什么危害？

____

____

____

问题 2：如何预防化工厂火灾事故的发生？

____

____

____

问题 3：根据聚氯乙烯生产工艺流程，当氯乙烯球罐由于泄漏造成球罐区域内小面积着火时，会有哪些事故现象？

____

____

____

六、知识链接

知识链接 1：化工企业的火灾特点

化工企业火灾不同于其他企业火灾，火灾形式、现象、种类都比较特殊，复杂多变。

（1）爆炸危险性大

化工企业爆炸类型有下列三种：

① 物理性爆炸。化工生产的压力设备、容器及配管系统，由于韧变、脆变、蠕变、疲劳、腐蚀，或在火场上热传递的作用下，会产生物理性爆炸。单纯的物理性爆炸，如现场无明火，一般不会引起燃烧。

② 化学性爆炸。许多气、液、固相的化学危险物品，在一定条件下会发生化学性爆炸。化学性爆炸一般能引起燃烧。在化工企业火灾中，由于化学性爆炸引起的火灾比例较高。

③ 物理性爆炸和化学性爆炸交织。这种类型的连锁式爆炸，在化工企业火灾中也时有发生。有时是先发生物理性爆炸，容器内可燃气体、可燃蒸气冲出引起化学性爆炸；有时是先发生化学性爆炸，然后在冲击波或高温高压作用下发生设备容器的物理性爆炸；

有时是物理性与化学性爆炸交替进行。这种类型的爆炸，往往发生在大型化工企业的装置群火灾中，具有较大的破坏力。

（2）燃烧速度快

化工企业火灾，燃烧的物质多为化学危险物品，其燃烧速度相当快。只是物态不同，其燃烧速度也不同。

（3）燃烧状态复杂

① 容易形成立体燃烧。多层厂房的气体扩散、液体流散火，以及装置设备的爆炸等，均能引起立体形式的燃烧，其燃烧类型大致有以下两种：

a. 多层厂房室内外立体火灾：这种火灾往往是由于设备火和产品、原料火引起建筑厂房火灾。

b. 高大设备及配管系统立体火灾：这种火灾常发生在露天、半露天的装置区内。

② 容易形成大面积燃烧。化工企业火灾蔓延速度快，加上化工企业占地面积大，建筑、设备毗连，生产连续性强，因此极易造成大面积火灾。

a. 油罐区大面积火灾：这类火灾常伴随油罐的爆炸，由于油品的沸溢、喷溅和流散而发生大面积火灾。

b. 液化石油气罐区大面积火灾：大型液化石油气储罐破裂，气体向外扩散，扩散面积越大，形成火灾的面积也就越大。

c. 装置区大面积火灾：这类火灾一般多发生在大型化工企业的露天、半露天装置区，燃烧时发生连锁反应，从而造成大面积火灾。

③ 复燃、复爆性。化工企业发生燃烧爆炸后，常因指挥失误、灭火措施不当而造成复燃、复爆。

a. 灭火后的油罐、容器、设备的壁温过高，如不继续进行冷却，会重新引起油品、物料的燃烧；

b. 灭火后，燃烧区内的压力设备仍然持续升温升压，从而造成复爆；

c. 可燃气体、易燃液体在灭火后未切断气源、液源的情况下，继续扩散、流淌，遇到火源而发生复爆、复燃。

知识链接2：常用灭火器的型号、分类和适用范围

（1）灭火器的型号

我国灭火器的型号是按照《消防产品型号编制方法》的规定编制的。它由类、组、特征代号及主要参数几部分组成。

类、组、特征代号用大写汉语拼音字母表示；一般编在型号首位，是灭火器本身的代号。通常用“M”表示。

灭火剂代号编在型号第二位：P——泡沫灭火剂、酸碱灭火剂；F——干粉灭火剂；T——二氧化碳灭火剂；SQ——清水灭火剂。

形式代号编在型号中的第三位，是各类灭火器结构特征的代号。目前我国灭火器的结构特征有手提式（包括手轮式）、推车式、鸭嘴式、舟车式、背负式五种，分别用S、T、Y、Z、B表示。

（2）灭火器的分类

① 水基型灭火器。水基型灭火器的规格分为三种：3L、6L和9L。适用的温度范围为 -10 ～ 55 ℃。水基型灭火器成分为：碳氢表面活性剂、氟碳表面活性剂、阻燃剂和助剂。

② 泡沫灭火器。泡沫灭火器指灭火器内充装的灭火药剂为泡沫灭火剂，又分化学泡沫灭火器和空气泡沫灭火器。

③ 干粉灭火器。干粉灭火器以液态二氧化碳或氮气作为动力，将灭火器内干粉灭火药剂喷出而进行灭火。按充入的干粉药剂分类，有碳酸氢钠干粉灭火器，也称 BC 干粉灭火器；还有磷酸铵盐干粉灭火器，也称 ABC 干粉灭火器。按加压方式分类有储气瓶式和储压式。按移动方式分类有手提式和推车式。

④ 二氧化碳灭火器。二氧化碳灭火器是利用其内部的液态二氧化碳的蒸气压将二氧化碳喷出灭火。二氧化碳灭火器有手轮式、鸭嘴式两种。

⑤ 洁净气体灭火器。洁净气体灭火器是一种新型高效的灭火器，具有灭火速度快、电绝缘好、灭火后不污染环境、结构紧凑、重量轻、使用灵活方便等优点，是卤代烷灭火器良好的替代品。

⑥ 7150 灭火器。是一种储压手提式灭火器。灭火剂主要成分为偏硼酸三甲酯，是扑救 D 类火灾时使用的，即扑救可燃金属火灾。灭火器由筒身（钢瓶）、压把开关、导管、喷雾头、提把等部件组成。

（3）灭火器的适用范围

常用灭火器的适用范围见表 3-27。

表 3-27　常用灭火器的适用范围

火灾类型	适用灭火器
A 类火灾	水基型（水雾、泡沫）灭火器、ABC 干粉灭火器
B 类火灾	水基型（水雾、泡沫）灭火器、BC 或 ABC 干粉灭火器、洁净气体灭火器
C 类火灾	干粉灭火器、水基型（水雾）灭火器、洁净气体灭火器、二氧化碳灭火器
D 类火灾	7150 灭火器，也可用干沙、土或铸铁屑粉末代替进行灭火
E 类火灾	二氧化碳灭火器、洁净气体灭火器
F 类火灾	BC 干粉灭火器、水基型（水雾、泡沫）灭火器

知识链接 3：固定式消防水炮的使用方法

固定式消防水炮是一种用于灭火和紧急救援的消防设备，通常安装在建筑物、工厂、码头等场所。它具有远程射程、大水流量和灵活转动等特点，能够有效地控制火势，并提供安全的逃生通道。

固定式消防水炮主要由水枪、支架、喷嘴、旋转机构和控制系统等部分组成。其工作原理是通过供水系统将水源引入到水枪中，然后通过旋转机构和控制系统来调整喷射方向和角度。

（1）在使用固定式消防水炮之前需要进行的准备工作

① 检查固定式消防水炮是否处于正常状态，包括喷嘴是否畅通、旋转机构是否灵活等。

② 确保供水系统正常运行，包括检查供水管道是否畅通、水源是否充足等。

③ 确定使用固定式消防水炮的目标区域，并清除任何可能影响喷射效果的障碍物。

（2）使用固定式消防水炮的一般步骤

步骤 1：开启水源。

将供水系统开启，确保水源畅通并保持稳定的水压。根据实际情况，可以使用自来水、消防水池或消防车等作为供水源。

步骤 2：调整喷射角度。

使用控制系统，将固定式消防水炮的喷射角度调整到需要的位置。通常，喷射角度应该与火源相对，并避免直接对人员喷射。

步骤 3：开启固定式消防水炮。

打开固定式消防水炮的开关，并确保喷嘴处于打开状态。此时，高压水流将从喷嘴中喷出。

步骤 4：控制喷射流量和范围。

根据火势的大小和需要控制的范围，通过控制系统来调整固定式消防水炮的喷射流量和范围。通常，在大火情况下应选择较大的流量和范围。

步骤 5：持续监控和调整。

在使用固定式消防水炮期间，需要持续监控火势和喷射效果，并根据实际情况进行调整。如果火势得到有效控制，可以适当减小喷射流量和范围，以节约水源。

步骤 6：关闭固定式消防水炮。

在火势得到有效控制或灭火任务完成后，应及时关闭固定式消防水炮。首先关闭喷嘴，然后关闭供水系统，并将固定式消防水炮调整到初始位置。

（3）使用固定式消防水炮时的注意事项

① 遵循安全操作规程，确保自身安全。

② 注意喷射方向和角度，避免直接对人员喷射。

③ 定期检查和维护固定式消防水炮的各部分，确保其正常运行。

④ 确保供水系统稳定运行，并保持足够的水源。

⑤ 避免在强风、恶劣天气或其他不利条件下使用固定式消防水炮。

以上是固定式消防水炮使用方法的详细介绍。通过正确的操作和合理的调整，固定式消防水炮可以有效地控制火势，保护人员安全，并提供灭火和紧急救援的支持。在实际使用中，应根据具体情况和需要进行调整和操作。

知识链接 4：扑救生产装置初起火灾的基本措施

（1）及时报警

① 一般情况下，发生火灾后应一边组织灭火一边及时报警；

② 当现场只有一个人时，应一边用通信工具呼救，一边进行处理，必须尽快报警，以便取得帮助；

③ 发现火灾迅速拨打火警电话。报警时沉着冷静，要讲清详细地址、起火部位、着火物质、火势大小、报警人姓名及电话号码，并派人到路口迎候消防车；

④ 消防队到场后，生产装置负责人或岗位人员，应主动向消防指挥员介绍情况，讲明着火部位、燃烧介质、温度、压力等生产装置的危险状况和已经采取的灭火措施，供专职消防队迅速做出灭火战术决策。

（2）快速查清着火部位、燃烧物质及物料的来源，具体做到“三查”

① 查火源——烟雾、发光点、起火位置、起火周边的环境等。

② 查火质——燃烧物的性质（固体物质、化学物质、气体、油料等），有无易燃易爆品，助燃物是什么。

③ 查火势——查火灾处于燃烧的哪个阶段，5 ～ 7 min 内为起火阶段，是扑灭火灾的最佳时间；7 ～ 15 min 内为蔓延阶段；15 min 以上为扩大阶段。

（3）根据具体情况，消除爆炸危险

带压设备泄漏着火时，应采取多种方法，及时采取防爆措施。如关闭管道或设备上的阀门，切断物料，冷却设备容器，打开反应器上的放空阀或驱散可燃蒸气或气体等。这是扑救生产装置初起火灾的关键措施。

若油泵房发生火灾，首先应停止油泵运转，切断泵房电源，关闭闸阀，切断油源；然后覆盖密封泵房周围的下水道，防止油料流淌而扩大燃烧；同时冷却周围的设施和建筑物。

（4）正确使用灭火剂

根据不同的燃烧对象、燃烧状态选用相应的灭火剂，防止灭火剂使用不当，与燃烧物质发生化学反应，使火势扩大，甚至发生爆炸。对反应器、釜等设备的火灾除从外部喷射灭火剂外，还可以采取向设备、管道、容器内部输入蒸气、氮气等灭火措施。

（5）扑灭外围火焰，控制火势发展

扑救生产装置火灾时，一般首先扑灭外围或附近建筑的火焰，保护受火势威胁的设备、车间。对重点设备加强保护，防止火势扩大蔓延，然后逐步缩小燃烧范围，最后扑灭火灾。

（6）利用生产装置现有的固定灭火装置冷却、灭火

石油化工生产装置在设计时考虑到火灾危险性的大小，在生产区域设置了高架水枪、水炮、水幕、固定喷淋等灭火设备，应根据现场情况利用固定或半固定装置冷却或灭火。

及时采取必要的工艺灭火措施，对火势较大、关键设备破坏严重、一时难以扑灭的火灾，当班负责人应及时请示，同时组织在岗人员进行火灾扑救。可采取局部停止进料，开阀导罐、紧急放空、紧急停车等工艺紧急措施，为有效扑灭火灾，最大限度降低灾害创造条件。

七、任务计划和任务准备

1. 小组讨论，并从人员操作、作业环境、有毒有害物质、设备和工具等方面分析本次作业存在的危险因素并提出防护措施（表 3-28）。

表 3-28　危险因素与防护措施

序号	危险因素	危害后果	防护措施
1			
2			
3			
4			
5			
6			
7			
8			

2. 小组讨论，从个人防护、岗位职责、作业流程规范与安全要求等方面提出实施本次任务时的注意事项。

（1）__________

（2）__________

（3）__________

（4）__________

（5）__________

（6）__________

3. 制定完成本次任务的工作流程。

4. 实施本次任务，需准备的防护用品和工具见表 3-29。

表 3-29 个人防护用品和工具清单

序号	项 目	名称及规格	数量	分工
1	作业工具			
2	个人防护用品			

续表

序号	项 目	名称及规格	数量	分工
3	消防器材			
4	备品配件			

八、任务实施与评价

1. 小组互评（表 3-30）

表 3-30　氯乙烯泄漏着火事故操作考核

<table>
<tr><th>序号</th><th>考核项目</th><th>步骤</th><th colspan="2">考核内容</th><th>得分</th></tr>
<tr><td>1</td><td>事故预警（1 分）</td><td>1</td><td colspan="2">[I]- 汇报班长上位机报警器报警（报警器报警）（1 分）</td><td></td></tr>
<tr><td>2</td><td>事故确认（1 分）</td><td>2</td><td colspan="2">[M]- 班长通知外操去现场查看（现场查看）（1 分）</td><td></td></tr>
<tr><td rowspan="5">3</td><td rowspan="5">事故汇报（5 分）</td><td>3.1</td><td colspan="2">[P]- 汇报出事工段（聚合工段）（1 分）</td><td></td></tr>
<tr><td>3.2</td><td colspan="2">[P]- 汇报事故设备（氯乙烯球罐）（1 分）</td><td></td></tr>
<tr><td>3.3</td><td colspan="2">[P]- 汇报着火的位置（罐区）（1 分）</td><td></td></tr>
<tr><td>3.4</td><td colspan="2">[P]- 汇报人员受伤情况（无人员受伤）（1 分）</td><td></td></tr>
<tr><td>3.5</td><td colspan="2">[P]- 现场状况是否可控（可控）（1 分）</td><td></td></tr>
<tr><td rowspan="4">4</td><td rowspan="4">启动预案及事故判断（16 分）</td><td>4.1</td><td colspan="2">[M]- 启动氯乙烯泄漏着火应急预案（2 分）</td><td></td></tr>
<tr><td>4.2</td><td colspan="2">[M]- 启动环境应急预案（2 分）</td><td></td></tr>
<tr><td>4.3</td><td colspan="2">[M]- 汇报调度室相关情况（2 分）</td><td></td></tr>
<tr><td>4.4</td><td colspan="2">[I]- 软件选择事故（10 分）</td><td></td></tr>
<tr><td rowspan="5">5</td><td rowspan="5">事故处理（67 分）</td><td>5.1</td><td>[I]- 启动球罐喷淋系统（3 分）</td><td>[M/P]- 过滤式防毒面具 / 化学防护手套 / 静电消除（10 分）</td><td></td></tr>
<tr><td>5.2</td><td>[I]- 拨打火警电话 119（3 分）</td><td>[P]- 现场拉警戒线（4 分）</td><td></td></tr>
<tr><td>5.3</td><td>[I]- 汇报着火地点（1.5 分）</td><td>[P]- 关闭阀门 XV9004（3 分）</td><td></td></tr>
<tr><td>5.4</td><td>[I]- 汇报燃烧介质（1.5 分）</td><td>[P]- 关闭阀门 XV9001（3 分）</td><td></td></tr>
<tr><td>5.5</td><td>[I]- 汇报火势（1.5 分）</td><td>[P]- 消防器材（消防炮）的选择，开启进水控制阀（现场阀）（3 分）</td><td></td></tr>
</table>

续表

序号	考核项目	步骤	考核内容		得分
5	事故处理（67 分）	5.6	[I]- 是否有人员伤亡（1.5 分）	[P]- 灭火操作考核（20 分）	
		5.7	[I]- 汇报身份（考试编号）及所处位置（1.5 分）		
		5.8	[I]- 拨打救援电话 120（3 分）		
		5.9	[I]- 汇报泄漏地点（1.5 分）		
		5.10	[I]- 汇报泄漏介质（1.5 分）		
		5.11	[I]- 汇报严重程度，有无火情（1.5 分）		
		5.12	[I]- 是否有人员伤亡（1.5 分）		
		5.13	[I]- 汇报身份（考试编号）及所处位置（1.5 分）		
6	事故分析（8 分）	6	[I]- 完成事故分析报告（8 分）		
7	汇报及恢复（2 分）	7	[M/I/P]- 事故处理完成向调度室汇报，并恢复现场（2 分）		
总分					

2. 教师评价（表 3-31）

表 3-31　考核评价表

项目名称	评价内容	得分
职业素养（30 分）	积极参加教学活动，按时完成工作活页（10 分）	
	团队合作（10 分）	
	保持现场整洁（10 分）	
专业能力（70 分）	引导问题回答正确（20 分）	
	操作过程规范、熟练（40 分）	
	无不安全、不文明操作（10 分）	
总分		
本次任务得分	小组互评 ×70% + 教师评价 ×30%	

3. 评价与分析

任务完成后，根据任务实施情况，分析存在的问题及原因（表 3-32）。

表 3-32 任务实施情况分析表

任务实施过程	存在的问题	原因

学生签字：	教师签字：
	年 月 日

项目四
化工装置应急抢修作业

化工生产涉及众多易燃易爆、有毒有害物质的使用和储存，装置的安全稳定运行至关重要。然而，由于设备老化、操作失误、自然灾害等，化工装置难免会发生泄漏、故障等意外情况。因此，掌握化工装置的应急抢修技能，对于确保生产安全、减少事故损失具有重要意义。

本项目旨在培养学生面对化工装置突发泄漏等紧急情况下的快速响应和抢修能力，共设置四个任务，包括法兰垫片易燃易爆物质泄漏应急抢修、法兰垫片有毒有害物质泄漏应急抢修、管道易燃易爆物质泄漏应急抢修和管道有毒有害物质泄漏应急抢修。本项目通过理论学习和实操演练，了解有毒有害和易燃易爆物质泄漏的危害，学习使用防爆工具、穿戴防护装备进行抢修的方法，掌握快速隔离泄漏源、佩戴专用防护装备进行抢修的技能。

任务一　法兰垫片易燃易爆物质泄漏应急抢修

一、学习情境

在化工、石化、医药等行业中，法兰垫片作为管道连接的重要部件，其安全性直接影响到生产运营的稳定和人员安全。然而，法兰垫片连接可能存在各种问题，如连接不紧密、密封面磨损、法兰面不平，以及安装和拆卸操作不当、材料老化等，都可能导致易燃易爆物质泄漏事件的发生。一旦发生泄漏，将可能对环境造成严重污染，对人员健康构成威胁，并给企业带来巨大经济损失。因此，学习并掌握法兰垫片处易燃易爆物质泄漏应急抢修技能，对于保障生产安全、保护环境和人员健康具有重要意义。

二、学习目标

知识目标

1. 了解法兰连接结构及密封原理。

2. 了解法兰垫片处易燃易爆物质泄漏的危害及其预防措施。
3. 掌握法兰垫片处易燃易爆物质泄漏应急抢修工作流程。

能力目标

1. 会根据泄漏物质正确选择个人防护装备和工具。
2. 掌握法兰垫片处易燃易爆物质泄漏应急抢修操作技能。

素质目标

1. 提高在紧急情况下的沟通协调和团队合作能力。
2. 提高在紧急事故下的应急处置能力。

三、任务描述

在化工企业的一次日常巡检中，巡检人员发现一处法兰垫片处乙酸乙酯泄漏现象。泄漏的乙酸乙酯不仅对环境构成严重威胁，还可能对现场人员的身体健康造成直接伤害。请你班组立即启动应急响应程序，完成法兰垫片处乙酸乙酯泄漏处理。

本次事故涉及的实训装置见图 4-1。

图 4-1　法兰垫片处乙酸乙酯 / 氰化钠溶液泄漏

四、任务分组

人员分工如表 4-1 所示。

表 4-1　人员分工表

成员	姓名	学号	角色分工
组长			

续表

成员	姓名	学号	角色分工
小组成员			

五、引导问题

事故案例：2019 年 12 月 3 日 2 时 43 分许，北京某公司一期生产车间内发生燃气爆炸事故，造成 4 人死亡、10 人受伤。事故主要原因：生产车间燃气管道主阀门法兰垫片为甲基乙烯基硅橡胶材质，受液化石油气和二甲醚混合气体长期腐蚀，发育出微小裂隙并逐渐增长，局部发生破损脱落，在管道内部压力作用下形成泄漏口，泄漏出的气体与空气混合形成爆炸性气体，遇电气火花等点火源发生爆炸。

问题 1：请根据以上事故案例，小组讨论并分析法兰垫片处易燃易爆物质泄漏可能造成的危害并提出预防措施。

问题 2：小组讨论，法兰垫片处发生泄漏事故后应采取哪些应急处置流程？

问题 3：查找资料并总结更换法兰垫片的操作流程有哪些。

问题 4：查阅资料，根据乙酸乙酯的物性分析乙酸乙酯有哪些危害。

问题 5：在更换垫片的过程中应该做好哪些防护措施？

____

____

____

问题 6：法兰垫片的安装与锁紧有哪些注意事项？

____

____

____

六、知识链接

知识链接：更换法兰垫片的操作流程及注意事项

（1）操作前准备

准备所需材料和工具，包括黄油、棉纱、检漏液和密封垫片、扳手、扭力扳手等。

（2）倒流程泄压

先关上、下流阀门，再开放空阀，使需换法兰处压力归零、无液体、无渗漏。

（3）更换法兰垫片

卸下法兰连接螺栓，拆下阀门或移去泄漏端管段，并清除密封面上废旧的密封垫。

① 将垫片放置在法兰密封面上，确保垫片无扭曲、无错位；

② 在法兰面上均匀涂抹一层密封剂（如需要），以增强密封效果；

③ 将螺栓穿过法兰孔和垫片孔，确保螺栓与法兰孔、垫片孔一一对应；

④ 安装螺栓时，应按对角线交叉顺序进行，避免偏载和应力集中。

（4）紧固螺栓

① 使用合适的工具（如扳手、螺栓拉伸器等）对螺栓进行紧固；

② 紧固螺栓时，应遵循“初紧—中紧—终紧”的步骤，确保垫片受力均匀；

③ 紧固力矩应符合设计要求或厂家推荐值，避免过紧或松动。

（5）泄漏测试

安装完成后，应对法兰连接处进行泄漏测试。测试方法包括压力测试、真空测试或泄漏检测剂测试等。

如有泄漏现象，应及时查找原因并进行修复，确保法兰连接处密封良好。

（6）恢复生产

关闭放空阀门后，按不同工艺要求操作，使法兰处逐步承受压力，并利用正常生产时的压力试压 10 min，确认无渗漏后，导入正常生产工艺。

（7）清点工具，清理现场

七、任务计划和任务准备

1. 小组讨论，并从人员操作、作业环境、有毒有害物质、设备和工具等方面分析本次作业存在的危险因素并提出防护措施（表 4-2）。

表 4-2　危险因素与防护措施

序号	危险因素	危害后果	防护措施
1			
2			
3			
4			
5			
6			
7			
8			

2. 小组讨论，从个人防护、岗位职责、作业流程规范与安全要求等方面提出实施本次任务时的注意事项。

（1）______

（2）______

（3）______

（4）______

（5）______

（6）______

3. 制定作业流程。

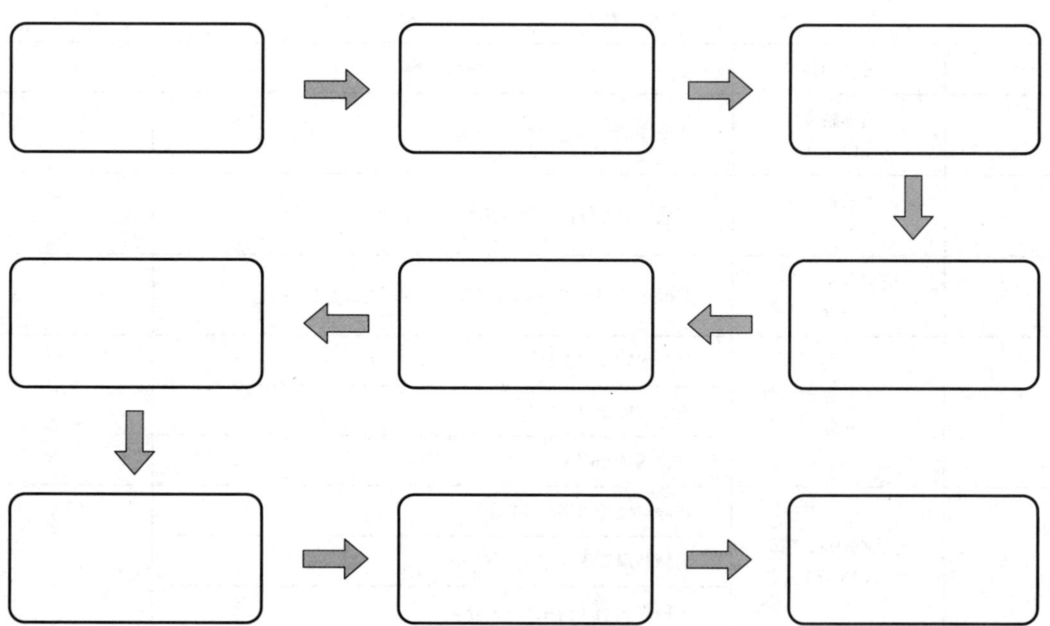

4. 实施本次任务，需准备的防护用品和工具见表 4-3。

表 4-3　个人防护用品和工具清单

序号	项 目	名称及规格	数量	分工
1	作业工具			
2	个人防护用品			
3	消防器材			
4	备品配件			

八、任务实施与评价

1. 小组互评（表 4-4）

表 4-4　任务评分表

法兰垫片处乙酸乙酯泄漏事故			
序号	考核项目	考核内容	得分
1	岗前准备工作（10 分）	现场巡检，挂巡检牌（10 分）	
2	事故汇报（5 分）	汇报事故（包括：泄漏地点、泄漏物质）（5 分）	
3	应急预案选择（5 分）	选择法兰垫片处易燃易爆物质泄漏应急预案（5 分）	
4	工艺处理（9 分）	打开 XV107（3 分）	
		关闭 XV105（3 分）	
		关闭 XV106（3 分）	
5	个人防护和工具（15 分）	防静电服（选用）（3 分）	
		铜制防爆扳手（选用）（3 分）	
		干粉灭火器（选用）（3 分）	

续表

法兰垫片处乙酸乙酯泄漏事故			
序号	考核项目	考核内容	得分
5	个人防护和工具（15 分）	防静电手套（选用）（3 分）	
		消防蒸汽（选用）（打开 XV119）（3 分）	
6	垫片的更换（32 分）	打开 XV208（3 分）	
		物料收集桶，收集放出的物料（3 分）	
		金属垫片的选择（3 分）	
		垫片的更换操作（20 分）	
		关闭 XV208（3 分）	
7	阀组恢复（9 分）	打开 XV105（3 分）	
		打开 XV106（3 分）	
		关闭 XV107（3 分）	
8	事故后处理（5 分）	干粉灭火器对泄漏物质覆盖喷射（5 分）	
9	事故记录（5 分）	事故的记录（5 分）	
10	汇报及恢复（5 分）	事故处理完成向调度室汇报，并恢复现场（5 分）	
总分			

2. 教师评价（见表 4-5）

表 4-5　考核评价表

项目名称	评价内容	得分
职业素养（30 分）	积极参加教学活动，按时完成工作活页（10 分）	
	团队合作（10 分）	
	保持现场整洁（10 分）	
专业能力（70 分）	引导问题回答正确（20 分）	
	操作过程规范、熟练（40 分）	
	无不安全、不文明操作（10 分）	
总分		
本次任务得分	小组互评 ×70% + 教师评价 ×30%	

3. 评价与分析

任务完成后，根据任务实施情况，分析存在的问题及原因（表 4-6）。

表 4-6 任务实施情况分析表

任务实施过程	存在的问题	原因

学生签字：	教师签字：
	年 月 日

任务二 法兰垫片有毒有害物质泄漏应急抢修

一、学习情境

掌握法兰垫片处物质泄漏应急抢修技能，发现泄漏后根据泄漏物质立即启动相应的应急预案，通知相关人员疏散，并切断泄漏源。在处理法兰垫片处泄漏事故时，正确选择并佩戴相应的防护装备，并严格按照操作规程进行事故处理，对于保障处理过程的安全性和有效性，保护环境和人员健康具有重要意义。

二、学习目标

知识目标

1. 了解法兰连接结构及密封原理。
2. 了解法兰垫片处有毒有害物质泄漏的危害及其预防措施。
3. 掌握法兰垫片处有毒有害物质泄漏应急抢修工作流程。

能力目标

1. 会根据泄漏物质正确选择个人防护装备和工具。
2. 掌握法兰垫片处有毒有害物质泄漏应急抢修操作技能。

素质目标

1. 提高在紧急情况下的沟通协调和团队合作能力。

2. 提高在紧急事故下的应急处置能力。

三、任务描述

在化工企业的一次日常巡检中，巡检人员发现一处法兰垫片连接处氰化钠溶液的泄漏现象。泄漏的氰化钠溶液不仅对环境构成严重威胁，还可能对现场人员的身体健康造成直接伤害。请你班组立即启动应急响应程序，完成法兰垫片处氰化钠溶液泄漏处理。

本次事故涉及的实训装置见图 4-1。

四、任务分组

人员分工见表 4-7。

表 4-7　人员分工表

成员	姓名	学号	角色分工
组长			
小组成员			

五、引导问题

事故案例：2009 年 8 月 9 日下午 5 时 32 分，在苯循环升温过程中，苯乙烯装置乙苯单元脱轻组分塔釜底泵出口单向阀入口端法兰处突然泄漏，液体苯大量喷出。一名现场操作工闻声赶到将釜底泵停止。随后车间人员带着五套防化手套和防毒面具来到现场，并关闭了泵进出口阀门，之后五人撤离泄漏区。随后又有两人戴空气呼吸器紧固泄漏处螺栓，泄漏停止。当时有人发现一名参与关阀作业的操作工昏倒在下风处管廊的西侧泵旁，该名员工送往医院后抢救无效死亡。

事故直接原因：脱轻组分塔釜底泵出口单向阀第一道法兰垫片因施工残留的石棉板被苯溶剂浸透冲出而密封失效，大量苯发生泄漏，在关闭釜底阀门过程中，员工没有佩戴正压式空气呼吸器，只是佩戴了巡检使用的防毒面具，防毒面具防毒罐被高浓度苯击穿，且在撤离中晕倒在下风处，长时间接触苯，造成中毒致死。

问题 1：请根据以上事故案例，小组讨论并分析法兰垫片处有毒有害物质泄漏可能造成的危害，并提出预防措施。

____

____

____

问题 2：查阅资料，根据氰化钠的物性分析氰化钠有哪些危害。

____

____

____

问题 3：在更换垫片的过程中应该做好哪些防护措施？

____

____

____

六、任务计划和任务准备

1. 小组讨论，并从人员操作、作业环境、有毒有害物质、设备和工具等方面分析本次作业存在的危险因素并提出防护措施（表 4-8）。

表 4-8　危险因素与防护措施

序号	危险因素	危害后果	防护措施
1			
2			
3			
4			
5			
6			
7			
8			

2. 小组讨论，从个人防护、岗位职责、作业流程规范与安全要求等方面提出实施本次任务时的注意事项。

（1）____

（2）____

（3）____

（4）____

（5）____

（6）____

3. 制定作业流程。

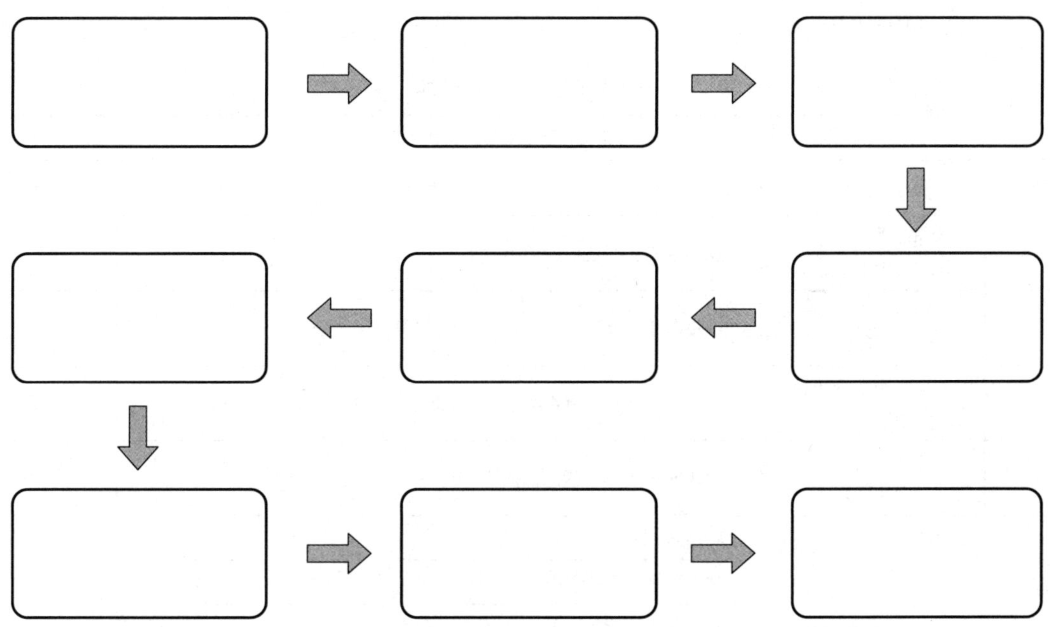

4. 实施本次任务，需准备的防护用品和工具见表 4-9。

表 4-9　个人防护用品和工具清单

序号	项 目	名称及规格	数量	分工
1	作业工具			
2	个人防护用品			
3	消防器材			
4	备品配件			

七、任务实施与评价

1. 小组互评（表 4-10）

表 4-10　任务评分表

法兰垫片处氰化钠溶液泄漏事故			
序号	考核项目	考核内容	得分
1	岗前准备工作（10 分）	现场巡检，挂巡检牌（10 分）	
2	事故汇报（5 分）	汇报事故（包括：泄漏地点、泄漏物质）（5 分）	
3	应急预案选择（5 分）	选择法兰垫片处有毒有害物质泄漏应急预案（5 分）	
4	作业人员疏散（3 分）	专线通知上级，紧急疏散（3 分）	
5	个人防护和工具（14 分）	轻型防化服（选用）（3 分）	
		化学防护手套（选用）（2 分）	
		化学防护眼镜（选用）（2 分）	
		过滤式防毒面具（选用）（3 分）	
		活性炭包（选用）（2 分）	
		泡沫灭火器（选用）（2 分）	
6	工艺处理（9 分）	打开 XV107（3 分）	
		关闭 XV105（3 分）	
		关闭 XV106（3 分）	
7	垫片的更换（29 分）	打开 XV208（2 分）	
		物料收集桶收集放出的氰化钠溶液（1 分）	
		金属垫片的选择（3 分）	
		垫片的更换操作（20 分）	
		关闭 XV208（3 分）	
8	阀组恢复（9 分）	打开 XV105（3 分）	
		打开 XV106（3 分）	
		关闭 XV107（3 分）	
9	事故后处理（6 分）	1. 活性炭对泄漏物质吸附（2 分） 2. 泡沫灭火器对泄漏物质覆盖喷射（2 分） 3. 现场清理（2 分）	
10	事故记录（5 分）	事故的记录（5 分）	
11	汇报及恢复（5 分）	事故处理完成向调度室汇报，并恢复现场（5 分）	
总分			

2. 教师评价（表 4-11）

表 4-11　考核评价表

项目名称	评价内容	得分
职业素养（30 分）	积极参加教学活动，按时完成工作活页（10 分）	
	团队合作（10 分）	
	保持现场整洁（10 分）	
专业能力（70 分）	引导问题回答正确（20 分）	
	操作过程规范、熟练（40 分）	
	无不安全、不文明操作（10 分）	
总分		
本次任务得分	小组互评 ×70% + 教师评价 ×30%	

3. 评价与分析

任务完成后，根据任务实施情况，分析存在的问题及原因（表 4-12）。

表 4-12　任务实施情况分析表

任务实施过程	存在的问题	原因

学生签字：	教师签字：
	年　月　日

任务三　管道易燃易爆物质泄漏应急抢修

一、学习情境

在化工生产过程中，管道是运输液体、气体等物料的重要通道。然而，由于各种原因，如设备老化、操作失误、自然灾害等，管道易燃易爆物质可能会发生泄漏。这种泄漏事件不仅会对环境造成污染，还可能对人员安全构成严重威胁。因此，对于工业生产领域的人员来说，掌握管道易燃易爆物质泄漏的应急抢修技能至关重要。

二、学习目标

知识目标

1. 了解管道易燃易爆物质泄漏的危害性。
2. 理解哈夫节带压堵漏技术的基本原理和应用场景。
3. 掌握哈夫节带压堵漏技术的操作步骤和安全要求。

能力目标

1. 掌握管道易燃易爆物质泄漏的应急处理知识和技能。
2. 能够根据泄漏事故分析，灵活运用哈夫节带压堵漏技术解决实际问题。
3. 能够根据泄漏物质正确选择个人防护装备和工具。

素质目标

1. 提高应对突发事件的能力和素质。
2. 提高动手能力和团队协作精神。
3. 培养团队合作和沟通交流的能力，为未来的职业生涯奠定坚实的基础。

三、任务描述

在化工企业的一次日常巡检中，外操人员发现管道发生泄漏，泄漏物质为乙酸乙酯。发现事故后，外操人员立刻向上级做了汇报。请你班组认真分析泄漏实情，完成管道泄漏事故的应急抢修。

本次事故涉及的实训装置见图 4-2。

图 4-2　PVC 聚合工段精馏装置管道处乙酸乙酯 / 氰化钠溶液泄漏

四、任务分组

人员分工如表 4-13 所示。

表 4-13　人员分工表

成员	姓名	学号	角色分工
组长			
小组成员			

五、引导问题

事故案例：2022 年 6 月 18 日 4 时 24 分，上海某公司化工部 1# 乙二醇装置环氧乙烷精制塔区域发生爆炸事故，造成 1 人死亡、1 人受伤，直接经济损失约 971.48 万元。事故原因：精制塔 T-450 至再吸收塔 T-320 的管道 P-4507 经过换热器 E-453 之后的管道焊缝开放性断裂，塔釜中的高温水经此断口瞬时大量泄漏，短时间塔釜漏空。塔釜水漏空后，精制塔 T-450 中的环氧乙烷经此断口泄漏至环境中，与空气混合形成爆炸性混合气体，遇点火源爆炸，随即发生火灾。大火导致精制塔 T-450 中存留的环氧乙烷受热后发生爆炸性反应，造成环氧乙烷精制塔爆炸。

问题 1：根据以上事故案例，请分析事故原因，并总结管道发生易燃易爆物质泄漏可能造成的危害有哪些。

____

____

____

问题 2：在确认泄漏物质后，应如何选择合适的个人防护装备？

____

____

____

问题 3：查找资料，管道泄漏应急抢修操作流程有哪些？

____

____

____

问题 4：在堵漏的过程中应该做好哪些防护措施？

____

____

____

六、知识链接

知识链接 1：带压密封堵漏技术及其原理

在正常生产运行设备装置上的法兰、管道、阀门等部位，因各种原因造成泄漏，泄漏介质处于带温、带压向外喷射流动状态时，可以在泄漏部位合理地选择或制造夹具，用其原有的密闭空腔，或在泄漏部位加上一个新的密封空腔，将具有可塑性、固化性且能耐泄漏介质和温度的密封胶注入密封腔，使腔内的压力大于系统内的压力，密封胶在一定的条件下，迅速固化，从而建立起一个固定的新密封结构，以达到消除泄漏的目的，这就是带压密封堵漏技术及其原理。

知识链接 2：哈夫节带压堵漏的基本原理、应用场景、操作步骤和安全要求

（1）基本原理

哈夫节带压堵漏技术是一种在不停止设备运行的情况下，对管道、阀门等设备的泄漏点进行快速、有效封堵的维修技术。其基本原理是利用哈夫节（也称夹具）和密封剂（如高分子材料）的组合，在泄漏点处构建一个临时的密封结构，从而达到控制泄漏的目的。

哈夫节通常由两个半圆形的夹具组成，通过螺栓连接在一起，可以紧密地贴合在泄漏点的管道或设备上。在哈夫节内部填充有特制的密封剂，这种密封剂具有优异的密封性能和耐压性能，能够在带压环境下长时间稳定工作。

（2）应用场景

哈夫节带压堵漏技术广泛应用于石油、化工、电力、冶金等行业的管道、阀门、法兰等设备的泄漏维修。这些设备在运行过程中，由于介质腐蚀、压力波动、安装缺陷等，可能出现不同程度的泄漏问题。使用哈夫节带压堵漏技术可以在不停产、不中断生产流程的情况下，对泄漏点进行快速修复，避免泄漏事故进一步扩大，减少企业经济损失。

（3）操作步骤

① 泄漏点检测。使用泄漏检测设备对泄漏点进行精确定位，并评估泄漏程度和影响范围。

② 准备工具材料。根据泄漏点的情况，选择合适的哈夫节、密封剂、螺栓等工具和材料。

③ 清理泄漏点。使用专用工具清理泄漏点周围的油污、锈蚀等杂质，确保哈夫节能够紧密贴合。

④ 安装哈夫节。将哈夫节的两个半圆形夹具分别放置在泄漏点的两侧，通过螺栓连接紧固。在紧固过程中，要注意夹具的均匀受力，避免造成管道或设备的损伤。

⑤ 注入密封剂。通过哈夫节上的注胶孔，向泄漏点注入密封剂。注入时要控制好速度和压力，确保密封剂能够均匀覆盖泄漏点。

⑥ 检查效果。等待一段时间，让密封剂充分固化后，使用泄漏检测设备对封堵效果进行检查。如有必要，可重复注入密封剂以提高封堵效果。

（4）安全要求

① 操作人员必须接受专业培训并持有相关证书，确保具备相应的操作技能和安全意识。

② 在操作过程中，必须佩戴符合要求的个人防护用品，如防护服、防护眼镜、手套等。

③ 严禁在泄漏点附近进行明火作业，避免引发火灾或爆炸事故。

④ 在操作过程中，要密切关注泄漏点的情况和周围环境的变化，一旦发现异常情况要立即停止作业并采取相应的应急措施。

⑤ 使用后的哈夫节和密封剂等废弃物要按照相关规定进行妥善处理，避免对环境造成污染。

⑥ 在进行哈夫节带压堵漏作业前，要对设备和管道进行充分检查，确保设备处于安全可靠的运行状态。如有必要，可制定相应的应急预案以应对可能出现的突发情况。

七、任务计划和任务准备

1. 小组讨论，并从人员操作、作业环境、有毒有害物质、设备和工具等方面分析本次作业存在的危险因素并提出防护措施（表 4-14）。

表 4-14　危险因素与防护措施

序号	危险因素	危害后果	防护措施
1			
2			
3			
4			
5			
6			
7			
8			

2. 小组讨论，从个人防护、岗位职责、作业流程规范与安全要求等方面提出实施本次任务时的注意事项。

（1）____________________

（2）____________________

（3）____________________

（4）____________________

（5）____________________

（6）____________________

3. 制定完成本次任务的工作流程。

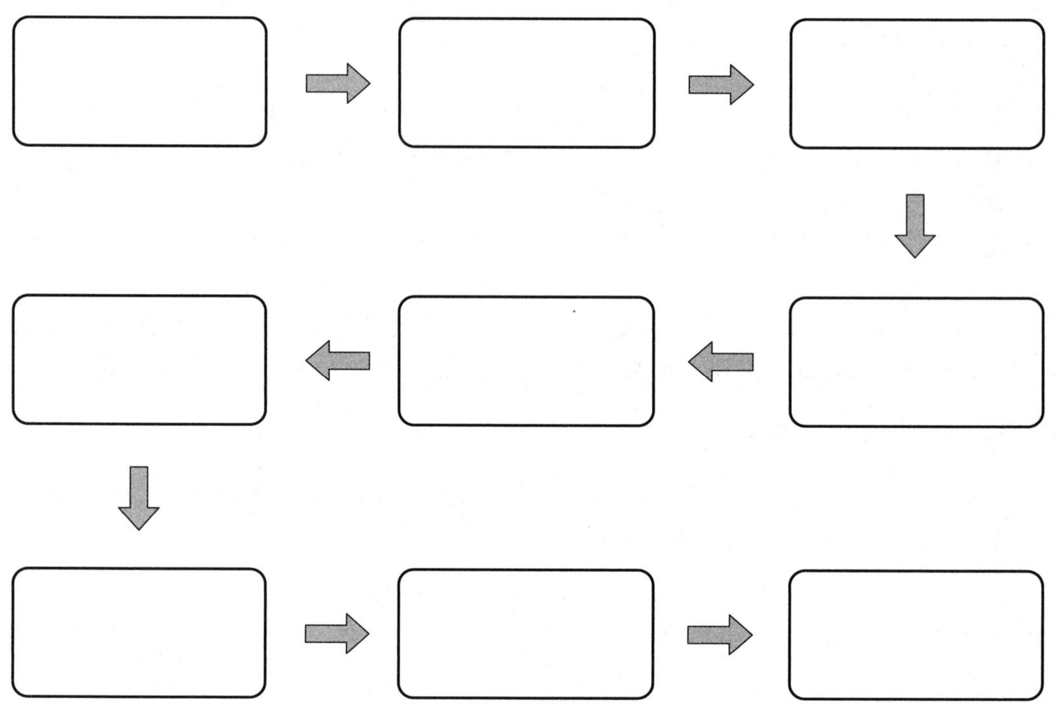

4. 实施本次任务，需准备的防护用品和工具见表 4-15。

表 4-15　个人防护用品和工具清单

序号	项 目	名称及规格	数量	分工
1	作业工具			
2	个人防护用品			
3	消防器材			
4	备品配件			

八、任务实施与评价

1. 小组互评（表 4-16）

表 4-16　任务评分表

管道乙酸乙酯泄漏事故			
序号	考核项目	考核内容	得分
1	岗前准备工作（10 分）	现场巡检，挂巡检牌（10 分）	
2	事故汇报（5 分）	汇报事故（包括：泄漏地点、泄漏物质）（5 分）	
3	应急预案选择（5 分）	选择管道易燃易爆物质泄漏应急预案（5 分）	
4	个人防护和工具（25 分）	防静电服（5 分）	
		防静电手套（5 分）	
		铜制防爆扳手（17 ～ 19 号开口扳手）（5 分）	
		干粉灭火器（5 分）	
		消防蒸汽（打开 XV119）（5 分）	
5	带压堵漏作业（30 分）	哈夫节带压应急堵漏作业（30 分）	
6	事故后处理（15 分）	1. 干粉灭火器对泄漏物质覆盖喷射（5 分） 2. 现场清理（5 分） 3. 关闭 XV119（5 分）	
7	事故记录（5 分）	事故的记录（5 分）	
8	汇报及恢复（5 分）	事故处理完成向调度室汇报，并恢复现场（5 分）	
总分			

2. 教师评价（表 4-17）

表 4-17　考核评价表

项目名称	评价内容	得分
职业素养（30 分）	积极参加教学活动，按时完成工作活页（10 分）	
	团队合作（10 分）	
	保持现场整洁（10 分）	
专业能力（70 分）	引导问题回答正确（20 分）	
	操作过程规范、熟练（40 分）	
	无不安全、不文明操作（10 分）	
总分		
本次任务得分	小组互评 ×70% + 教师评价 ×30%	

3. 评价与分析

任务完成后，根据任务实施情况，分析存在的问题及原因（表 4-18）。

表 4-18　任务实施情况分析表

任务实施过程	存在的问题	原因

学生签字：	教师签字：
	年　　月　　日

任务四　管道有毒有害物质泄漏应急抢修

一、学习情境

掌握管道泄漏应急抢修技能，发现泄漏后根据泄漏物质立即启动相应的应急预案，通知相关人员疏散，并切断泄漏源。在处理管道泄漏事故时，正确选择并佩戴相应的防护装备，并严格按照操作规程进行事故处理，对于保障处理过程的安全性和有效性，保护环境和人员健康具有重要意义。

二、学习目标

知识目标

1. 了解管道有毒有害物质泄漏的危害性。
2. 理解哈夫节带压堵漏技术的基本原理和应用场景。
3. 掌握哈夫节带压堵漏技术的操作步骤和安全要求。

能力目标

1. 掌握管道有毒有害物质泄漏的应急处理知识和技能。
2. 能够根据泄漏事故分析，灵活运用哈夫节带压堵漏技术解决实际问题。
3. 能够根据泄漏物质正确选择个人防护装备和工具。

素质目标

1. 提高应对突发事件的能力和素质。
2. 提高动手能力和团队协作精神。
3. 培养团队合作和沟通交流的能力，为未来的职业生涯奠定坚实的基础。

三、任务描述

在化工企业的一次日常巡检中，外操人员发现管道发生泄漏，泄漏物质为氰化钠溶液。发现事故后，外操人员立刻向上级做了汇报。请你班组认真分析泄漏实情，完成管道泄漏事故的应急抢修。

本次事故涉及的实训装置见图 4-2。

四、任务分组

人员分工如表 4-19 所示。

表 4-19　人员分工表

成员	姓名	学号	角色分工
组长			
小组成员			

五、引导问题

问题：小组讨论分析管道发生有毒有害物质泄漏可能造成的危害有哪些。

____

____

____

六、任务计划和任务准备

1. 小组讨论，并从人员操作、作业环境、有毒有害物质、设备和工具等方面分析本次作业存在的危险因素并提出防护措施（表 4-20）。

表 4-20　危险因素与防护措施

序号	危险因素	危害后果	防护措施
1			
2			
3			
4			
5			

续表

序号	危险因素	危害后果	防护措施
6			
7			
8			

2. 小组讨论，从个人防护、岗位职责、作业流程规范与安全要求等方面提出实施本次任务时的注意事项。

（1）______

（2）______

（3）______

（4）______

（5）______

（6）______

3. 制定完成本次任务的工作流程。

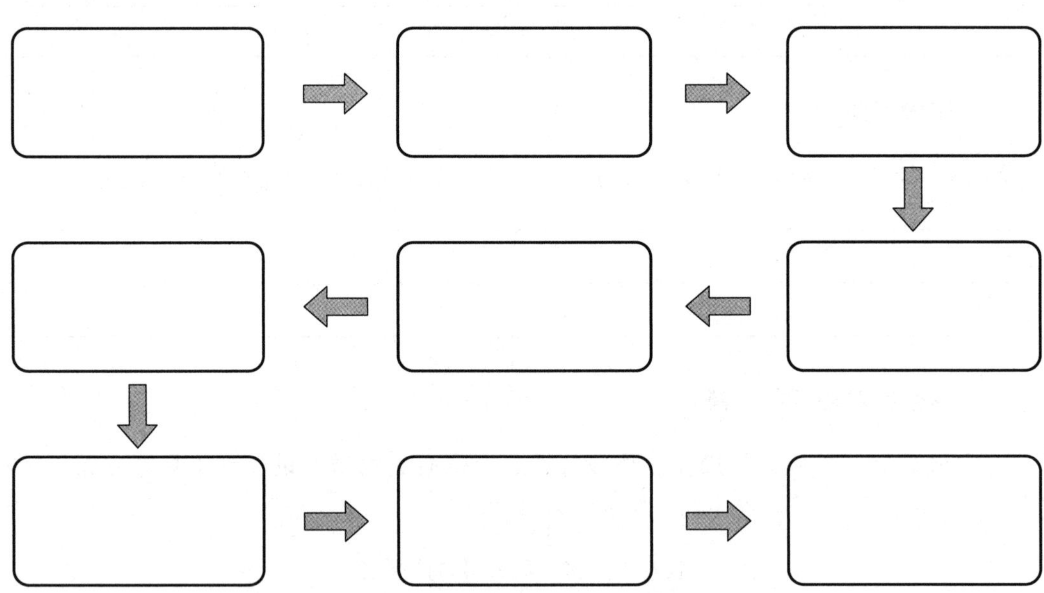

4. 实施本次任务，需准备的防护用品和工具如表 4-21 所示。

表 4-21　个人防护用品和工具清单

序号	项目	名称及规格	数量	分工
1	作业工具			

续表

序号	项目	名称及规格	数量	分工
2	个人防护用品			
3	消防器材			
4	备品配件			

七、任务实施与评价

1. 小组互评（表 4-22）

表 4-22　任务评分表

管道氰化钠溶液泄漏事故			
序号	考核项目	考核内容	得分
1	岗前准备工作（10 分）	现场巡检，挂巡检牌（10 分）	
2	事故汇报（5 分）	汇报事故（包括：泄漏地点、泄漏物质）（5 分）	
3	应急预案选择（5 分）	选择管道有毒有害物质泄漏应急预案（5 分）	
4	作业人员疏散（5 分）	专线通知上级，紧急疏散（5 分）	
5	个人防护和工具（20 分）	轻型防化服（2.5 分）	
		过滤式防毒面具（2.5 分）	
		化学防护眼镜（2.5 分）	
		化学防护手套（2.5 分）	
		活性炭包（5 分）	
		泡沫灭火器（5 分）	
6	管线带压堵漏（30 分）	哈夫节带压应急堵漏作业（30 分）	
7	事故后处理（15 分）	1. 活性炭对泄漏物质吸附（5 分） 2. 泡沫灭火器对泄漏物质覆盖喷射（5 分） 3. 现场清理（5 分）	

续表

管道氰化钠溶液泄漏事故			
序号	考核项目	考核内容	得分
8	事故记录（5 分）	事故的记录（5 分）	
9	汇报及恢复（5 分）	事故处理完成向调度室汇报，并恢复现场（5 分）	
总分			

2. 教师评价（表 4-23）

表 4-23　考核评价表

项目名称	评价内容	得分
职业素养（30 分）	积极参加教学活动，按时完成工作活页（10 分）	
	团队合作（10 分）	
	保持现场整洁（10 分）	
专业能力（70 分）	引导问题回答正确（20 分）	
	操作过程规范、熟练（40 分）	
	无不安全、不文明操作（10 分）	
总分		
本次任务得分	小组互评 ×70%＋教师评价 ×30%	

3. 评价与分析

任务完成后，根据任务实施情况，分析存在的问题及原因（表 4-24）。

表 4-24　任务实施情况分析表

任务实施过程	存在的问题	原因

学生签字：	教师签字：
	年　　月　　日

项目五

化工装置计划性检修作业

化工装置计划性检修作业是化工生产安全管理的重要环节，其目的在于预防设备故障，确保生产连续性和安全性。随着化工行业的发展，装置规模不断扩大，设备复杂度日益提高，对检修作业的专业性和规范性要求也越来越高。因此，培养具备专业检修技能和良好安全管理意识的化工技术人员，成为当前化工企业的重要任务。本项目通过模拟和实践五种典型的检修任务——盲板抽堵作业、受限空间作业、动火作业、高处作业和动土作业，全面培养学生的检修技能和安全管理意识，使其能够胜任化工装置的计划性检修工作。

通过本项目的学习，学生可以掌握化工装置计划性检修作业的核心技能，包括设备检修流程和安全操作规程、风险评估与应对措施的制定、个人防护装备的使用及应急救援技能等，同时还能培养团队协作、沟通协调及问题解决等综合能力。

任务一　盲板抽堵作业

一、学习情境

石油化工生产工艺流程连续性强，设备管道紧密相连，设备与管道间虽有各种阀门控制，但在生产过程中，阀门长期受内部介质的冲刷和化学腐蚀作用，严密性能大大减弱，有可能出现泄漏，所以在设备或管道检修时，如果仅仅用关闭阀门来与生产系统进行隔离，往往是不可靠的。在这种情况下，盲板是最有效的隔离手段。在进行设备检修、维护或改造时，如果不进行盲板抽堵作业，流体、气体或粉尘可能会泄漏，造成人员伤害、环境污染或设备损坏等严重后果。因此，盲板抽堵作业是保障化工、石油、天然气等行业安全生产的重要措施之一。

二、学习目标

知识目标

1. 掌握盲板的分类和选用原则等相关知识。
2. 熟悉盲板抽堵作业的安全技术规范和作业流程。

能力目标

1. 能够根据作业需求和现场实际情况，选择合适的盲板及相关工具设备。

2. 能够熟练掌握盲板抽堵作业的操作流程，包括盲板的安装、拆除及检查等。

3. 能够识别盲板抽堵作业中的安全风险，并采取相应的安全措施进行预防和应对。

素质目标

1. 自觉树立安全意识，严格遵守安全规章制度和操作规程。

2. 能够有效地与团队成员沟通协作，确保盲板抽堵作业的安全高效进行。

3. 能够在遇到紧急情况时，迅速作出反应并采取正确的应对措施，以保障自身和团队的安全。

三、任务描述

在含乙酸乙酯物料装置的计划性检修作业过程中，需要你班组完成一项盲板抽堵作业。实训装置流程图见图 5-1。

图 5-1　盲板抽堵作业实训装置

四、任务分组

人员分工见表 5-1。

表 5-1　人员分工表

<table>
<tr><th>成员</th><th>姓名</th><th>学号</th><th>角色分工</th></tr>
<tr><td>组长</td><td></td><td></td><td></td></tr>
<tr><td rowspan="5">小组成员</td><td></td><td></td><td></td></tr>
<tr><td></td><td></td><td></td></tr>
<tr><td></td><td></td><td></td></tr>
<tr><td></td><td></td><td></td></tr>
<tr><td></td><td></td><td></td></tr>
</table>

五、引导问题

事故案例 1：2020 年 7 月 11 日 13 时 19 分左右，宁夏某公司化产厂在焦炉煤气管线加盲板作业过程中，发生一起闪爆着火生产安全事故，造成 1 人死亡、2 人受伤。事故原因：盲板加装过程中作业人员检查发现盲板垫子有刮坏变形情况，煤气管线膨胀节处发生闪爆，随后管线膨胀节爆开并着火燃烧，且火势凶猛。

事故案例 2：2017 年 7 月 12 日 16 时 50 分左右，陕西一发电公司 5 号机组除氧器预留管口盲板发生爆裂事故，造成 2 人死亡、1 人受伤，直接经济损失 227.9 万元。事故原因：爆裂的盲管堵板焊接无孔平端盖不符合国家标准要求，在机组长期运行过程中，因工作应力和热应力的连续作用，最终突然爆开。

事故案例 3：2021 年 5 月 29 日，某石化公司烯烃联合装置裂解炉停车检修期间，在完成裂解炉进料管线氮气吹扫后，未关闭管线盲板上、下游阀门，相关人员在未完成“盲板抽堵作业许可证”签发流程，未对裂解炉进料管线盲板上、下游阀门状态进行现场确认的情况下，就开展了盲板抽堵作业。同时，作业人员打开了轻石脑油进料界区阀门，造成轻石脑油从盲板未封闭的法兰处高速泄漏，泄漏的轻石脑油气化后发生爆燃，造成 1 人死亡、5 人重伤、8 人轻伤。

问题 1：观看以上盲板抽堵事故案例，小组讨论分析事故发生的原因，可提出哪些有效的防控措施和建议？

____

____

____

问题 2：小组讨论并分析盲板抽堵作业过程中的风险因素有哪些。

____

____

____

问题 3：盲板抽堵作业前应该做哪些准备？

____

____

____

六、知识链接

知识链接 1：盲板基础知识

（1）盲板的分类

从外观上看，一般分为 8 字盲板、插板、垫环（插板和垫环互为盲通）。

（2）需要设置盲板的部位

① 原始开车准备阶段，在进行管道的强度试验或严密性试验时，不能和所相连的设备（如透平、压缩机、气化炉、反应器等）同时进行的情况下，需在设备与管道的连接

处设置盲板；

② 界区外连接到界区内的各种工艺物料管道，当装置停车时，若该管道仍在运行之中，在切断阀处设置盲板；

③ 装置为多系列时，从界区外来的总管道分为若干分管道进入每一系列，在各分管道的切断阀处设置盲板；

④ 装置要定期维修、检查或互相切换时，所涉及的设备需完全隔离时，在切断阀处设置盲板；

⑤ 充压管道、置换气管道（如氮气管道、压缩空气管道）工艺管道与设备相连时，在切断阀处设置盲板；

⑥ 设备、管道的低点排净，若工艺介质需集中到统一的收集系统，在切断阀后设置盲板；

⑦ 设备和管道的排气管、排液管、取样管在阀后应设置盲板或丝堵，无毒、无危害健康和非爆炸危险的物料除外；

⑧ 装置分期建设时，有互相联系的管道在切断阀处设置盲板，以便后续工程施工；

⑨ 装置正常生产时，需完全切断的一些辅助管道，一般也应设置盲板；

⑩ 其他工艺要求需设置盲板的场合；

⑪ 盲板在PI图上表示的图形，按照行业标准《管道仪表流程图管道和管件图形符号》。

知识链接2：盲板的选用

① 盲板的材质、厚度应与介质性质、压力、温度相适应，同时防止腐蚀和磨损；严禁用石棉板或白铁皮代替盲板。盲板要平整、光滑，经检查无裂纹和孔洞，高压盲板应经探伤合格。制作盲板可用20号钢、16MnR，禁止使用铸铁、铸钢材质。

② 管道中介质已经放空或介质压力≤2.5 MPa时，可以使用光滑面盲板，其厚度不应小于管壁的厚度。管道中介质没有放空且压力＞2.5 MPa时，或者需要其他形式的盲板，如凹凸面盲板、槽型盲板、8字盲板等，应委托设计单位进行核算后选取。盲板的直径应大于或等于法兰密封面直径，并应按管道内介质性质、压力、温度选用合适的材料制作盲板垫片。盲板应有手柄，便于安装、拆卸和加挂盲板标识牌。

知识链接3：盲板抽堵作业流程

盲板抽堵作业的流程一般包括以下几个步骤：

① 确定需要隔绝的管道或设备，并制定详细的作业方案和安全措施；

② 准备符合要求的盲板和相关工具设备，并进行检查确认；

③ 在作业前进行安全检查，确保作业现场的安全状况符合要求；

④ 按照作业方案进行盲板的安装或拆除，确保操作过程安全、准确；

⑤ 在作业完成后进行安全检查，确认盲板安装牢固、密封严密，无泄漏现象；

⑥ 清理作业现场，恢复设备或管道的正常运行。

知识链接4：盲板抽堵作业安全要求

盲板抽堵作业的安全要求至关重要，直接关系到作业人员的生命安全和企业的正常生产。盲板抽堵作业的主要安全要求如下：

（1）办理《作业许可证》

在进行盲板抽堵作业前，必须办理《盲板抽堵作业许可证》。《作业许可证》应明确作业范围、作业时间、作业人员、安全措施等内容，以确保作业过程符合安全要求。高处抽堵盲板作业应按高处作业的规定办理《高处作业许可证》。

（2）人员培训与考核

参与盲板抽堵作业的人员必须经过专业培训，并经过考核合格后方可上岗。培训内容应包括盲板抽堵作业的安全操作规程、应急处理措施，个人防护用品的使用等，以确保作业人员具备相应的安全知识和技能。

（3）作业环境辨识

在进行盲板抽堵作业前，应对作业环境进行辨识，了解作业现场的危险因素、潜在风险以及可能存在的有毒有害物质。根据辨识结果，制定相应的安全措施和应急预案，确保作业过程的安全可控。

（4）设立监护与记录

在盲板抽堵作业过程中，应设立专门的监护人员，对作业过程进行全程监护。监护人员应了解作业过程和安全措施，及时发现并处理作业中的不安全因素。同时，还应做好作业记录，记录作业时间、作业人员、作业过程、发现的问题及处理情况等，以备后续分析和总结。作业复杂、危险性大的场所，除监护人外，还需消防队、医务人员到场。

（5）选用适当防护

在进行盲板抽堵作业时，应根据作业环境和可能存在的危险因素，选用适当的防护用品，如佩戴安全帽、防护眼镜、防护手套等，以防止有毒有害物质对作业人员造成伤害。同时，还应确保防护用品的质量和性能符合要求，确保其在使用过程中的有效性和可靠性。

（6）控制作业点数

在盲板抽堵作业中，应尽量减少作业点数，避免在多个位置同时进行作业。这有助于降低作业风险，降低事故发生的可能性。对于必须同时进行作业的多个位置，应采取相应的安全措施，如设立警戒区域、加强监护等。在易燃易爆场所作业时，应落实防火防爆措施，且作业地点 30 m 内不得有动火作业。

（7）遵循安全规范

在进行盲板抽堵作业时，必须遵循相应的安全规范，包括但不限于作业安全操作规程、安全生产管理制度、应急处理措施等。作业人员应熟悉并遵守这些规范，确保作业过程的安全可靠。

（8）作业后共同确认

在盲板抽堵作业完成后，所有参与作业的人员应进行共同确认。确认内容包括作业过程是否符合安全要求，作业现场是否清理干净，是否存在遗留问题等。只有经过共同确认，才能确保作业过程的安全可控，避免事故的发生。

知识链接 5:《盲板抽堵作业许可证》的办理及管理

① 严禁随意涂改和转借《盲板抽堵作业许可证》，变更作业内容、扩大作业范围或转移作业部位时，应重新办理《盲板抽堵作业许可证》。

② 盲板抽堵作业实行一块盲板一张作业证的管理方式。

③ 盲板抽堵作业结束，由施工单位、生产部门、安全管理部门共同确认。

④《盲板抽堵作业许可证》保存期限为一年。

知识链接 6：盲板抽堵作业相关人员职责

（1）生产车间（分厂）负责人

① 应了解管道、设备内介质特性及走向，制定、落实盲板抽堵安全措施，安排监护

人，向作业单位负责人或作业人员交代作业安全注意事项。

② 生产系统如有紧急或异常情况，应立即通知停止盲板抽堵作业。

③ 作业完成后，应逐一检查盲板抽堵情况。

（2）监护人

① 负责盲板抽堵作业现场的监护与检查，发现异常情况应立即通知作业人员停止作业，并及时联系有关人员采取措施。

② 应坚守岗位，不得脱岗；在盲板抽堵作业期间，不得兼做其他工作。

③ 当发现盲板抽堵作业人员违章作业时应立即制止。

④ 作业完成后，要会同作业人员检查、清理现场，确认无误后方可离开现场。

（3）作业单位负责人

① 了解作业内容及现场情况，确认作业安全措施，向作业人员交代作业任务和安全注意事项。

② 各项安全措施落实后，方可安排人员进行盲板抽堵作业。

（4）作业人

① 作业前应了解作业的内容、地点、时间、要求，熟知作业中的危害因素和应采取的安全措施。

② 要逐项确认相关安全措施的落实情况。

③ 若发现不具备安全条件时不得进行盲板抽堵作业。

④ 作业完成后，会同生产单位负责人检查盲板抽堵情况，确认无误后方可离开作业现场。

（5）审批人

① 检查《作业许可证》的办理是否符合要求。

② 督促检查各项安全措施的落实情况。

七、任务计划和任务准备

1. 小组讨论，并从人员操作、作业环境、有毒有害物质、设备和工具等方面分析本次作业存在的危险因素并提出防护措施（表 5-2）。

表 5-2　危险因素与防护措施

序号	危险因素	危害后果	防护措施
1			
2			
3			
4			
5			
6			
7			
8			

2. 小组讨论，从个人防护、岗位职责、作业流程规范与安全要求等方面提出实施本次任务时的注意事项。

（1）________________

（2）________________

（3）________________

（4）________________

（5）________________

（6）________________

3. 制定完成本次任务的工作流程。

4. 实施本次任务，需准备的防护用品和工具如表 5-3 所示。

表 5-3　个人防护用品和工具清单

序号	项目	名称及规格	数量	分工
1	作业工具			
2	个人防护用品			

续表

序号	项目	名称及规格	数量	分工
3	消防器材			
4	备品配件			

八、任务实施与评价

《盲板抽堵作业许可证》见表 5-4。

表 5-4 《盲板抽堵作业许可证》

<table>
<tr><td colspan="12">盲板抽堵作业许可证</td></tr>
<tr><td colspan="12">作业证编号：</td></tr>
<tr><td colspan="2">申请作业单位</td><td colspan="4"></td><td colspan="2">申请人</td><td colspan="4"></td></tr>
<tr><td rowspan="2">管理名称</td><td rowspan="2">介质</td><td rowspan="2">温度</td><td rowspan="2">压力</td><td colspan="2">盲板</td><td colspan="2">实施时间</td><td colspan="2">作业人</td><td colspan="2">监护人</td></tr>
<tr><td>编号</td><td>规格</td><td>堵</td><td>抽</td><td>堵</td><td>抽</td><td>堵</td><td>抽</td></tr>
<tr><td>原料入口管线</td><td></td><td></td><td></td><td></td><td></td><td></td><td></td><td></td><td></td><td></td><td></td></tr>
<tr><td>原料入口管线</td><td></td><td></td><td></td><td></td><td></td><td></td><td></td><td></td><td></td><td></td><td></td></tr>
<tr><td>回流管线</td><td></td><td></td><td></td><td></td><td></td><td></td><td></td><td></td><td></td><td></td><td></td></tr>
<tr><td>回流管线</td><td></td><td></td><td></td><td></td><td></td><td></td><td></td><td></td><td></td><td></td><td></td></tr>
<tr><td>过热蒸汽管线</td><td></td><td></td><td></td><td></td><td></td><td></td><td></td><td></td><td></td><td></td><td></td></tr>
<tr><td colspan="2">作业单位负责人</td><td colspan="5"></td><td colspan="5"></td></tr>
<tr><td colspan="2">涉及的其他特殊作业</td><td colspan="10"></td></tr>
<tr><td>序号</td><td colspan="8">安全措施</td><td colspan="3">确认人</td></tr>
<tr><td>1</td><td colspan="8">在有毒介质的管道、设备上作业时，尽可能降低系统压力，作业点应为常压</td><td colspan="3"></td></tr>
<tr><td>2</td><td colspan="8">在有毒介质的管道、设备上作业时，作业人员穿戴合适的防护用具</td><td colspan="3"></td></tr>
<tr><td>3</td><td colspan="8">易燃易爆场所，作业人员穿戴防静电工作服、工作鞋；作业时使用防爆灯具和防爆工具</td><td colspan="3"></td></tr>
<tr><td>4</td><td colspan="8">易燃易爆场所，据作业地点 30 m 内无其他动火作业</td><td colspan="3"></td></tr>
<tr><td>5</td><td colspan="8">在强腐蚀性介质的管道、设备上作业时，作业人员采取防止酸碱灼伤的措施</td><td colspan="3"></td></tr>
<tr><td>6</td><td colspan="8">介质温度较高、可能造成烫伤的情况下，作业人员采取防烫伤措施</td><td colspan="3"></td></tr>
</table>

续表

序号	安全措施	确认人
7	同一管道上不同时进行两处以上的盲板抽堵作业	
8	其他安全措施：	

生产车间（分厂）意见：

签字：　　　　年　月　日　时　分

作业单位意见：

签字：　　　　年　月　日　时　分

审批单位意见：

签字：　　　　年　月　日　时　分

盲板抽堵作业单位确认情况：

签字：　　　　年　月　日　时　分

1. 小组互评（表 5-5）

表 5-5　盲板抽堵作业工作流程考核

序号	考核项目	考核内容	得分
1	作业证办理（10 分）	作业条件检查：工艺参数作业条件的确认（5 分）	
		作业负责人将数据填写到《作业许可证》上（5 分）	
2	个人防护措施（10 分）	防爆扳手、防静电服、干粉灭火器、消防蒸汽（XV119 阀门打开）、防静电手套的选用（10 分）	
3	作业环境准备（5 分）	监护人布置警戒线，设置“严禁进人”警示牌（5 分）	
4	作业过程（60 分）	关闭 XV108（5 分）	
		关闭 XV109（5 分）	
		关闭 XV115（5 分）	
		关闭 XV118（5 分）	
		盲板抽堵作业（35 分）	
		盲板警示牌添加（5 分）	

续表

序号	考核项目	考核内容	得分
5	清理现场（15分）	外操和班长登高作业完成后，脚手架放回原位；盲板抽堵作业完成后，将工具与安全防护用品放入物品柜内（10分）	
		清理现场，归还个人防护用品，归还工具，恢复安全措施（5分）	
总分			

2. 教师评价（表5-6）

表5-6 考核评价表

项目名称	评价内容	得分
职业素养（30分）	积极参加教学活动，按时完成工作活页（10分）	
	团队合作（10分）	
	保持现场整洁（10分）	
专业能力（70分）	引导问题回答正确（20分）	
	操作过程规范、熟练（40分）	
	无不安全、不文明操作（10分）	
总分		
本次任务得分	小组互评 ×70%＋教师评价 ×30%	

3. 评价与分析

任务完成后，根据任务实施情况，分析存在的问题及原因（表5-7）。

表5-7 任务实施情况分析表

任务实施过程	存在的问题	原因

学生签字：	教师签字：
	年　月　日

任务二　受限空间作业

一、学习情境

一切通风不良、容易造成有毒有害气体积聚和缺氧的设备、设施、场所都叫受限空间（作业受到限制的空间），在受限空间的作业都称为受限空间作业。受限空间作业涉及的领域广、行业多，作业环境复杂，危险有害因素多，容易发生安全事故，造成严重后果；作业人员遇险时施救难度大，盲目施救或救援方法不当，又容易造成伤亡扩大。因此，了解受限空间作业的特点和风险，掌握相应的安全知识，提高安全意识和操作技能，对于预防和减少受限空间作业事故具有重要意义。

二、学习目标

知识目标

1. 掌握受限空间作业的基本概念和特点。
2. 了解受限空间作业范围及不安全因素。
3. 熟悉受限空间作业安全管理制度和操作规程。

能力目标

1. 能够进行受限空间作业的安全操作。
2. 能够制定并实施受限空间作业安全措施。

素质目标

1. 了解受限空间作业是不可避免的，遵守受限空间作业安全操作规程。
2. 自觉树立安全意识和责任感，养成良好的职业安全习惯。
3. 提高团队协作能力、沟通能力、应急处理和自救互救能力。

三、任务描述

某化工企业聚氯乙烯生产装置现已停车检修，需要你班组进入到汽提塔中更换塔板上的浮阀。聚氯乙烯生产装置汽提塔见图 5-2。

图 5-2　聚氯乙烯生产装置汽提塔

四、任务分组

人员分工见表 5-8。

表 5-8 人员分工表

成员	姓名	学号	角色分工
组长			
小组成员			

五、引导问题

事故案例 1：2019 年 2 月 15 日 23 时许，东莞市某公司工作人员在进行污水调节池（事故应急池）清理作业时，发生一起气体中毒事故，造成 7 人死亡、2 人受伤，直接经济损失约为人民币 1200 万元。该公司一车间污水处理班人员邹某等 3 人违章进入含有硫化氢气体的污水调节池内进行清淤作业，是事故发生的直接原因。

事故案例 2：2015 年 5 月 13 日 8 时 45 分左右，某公司化工二部 2# 苯酚丙酮装置三层平台氧化尾气催化反应器 ME721-A 发生氮气窒息事故，造成 2 人死亡。经调查，事故原因为以关闭调节阀代替加盲板或断开管线操作，导致氮气进入容器。施工人员在未办理进入受限空间作业手续，未进行气体分析，未采取任何防护的情况下，进入反应器作业，窒息晕倒。设备人员在未采取任何防护措施的情况下冒险施救，导致伤亡事故扩大。

阅读受限空间作业事故案例，小组讨论并回答以下问题。

问题 1：什么是受限空间？受限空间有哪些种类？

____

____

____

问题 2：受限空间作业存在哪些危险因素？相应的防护措施有哪些？

____

____

____

问题 3：进入受限空间作业之前，应做哪些准备？

____

____

____

问题 4：受限空间作业过程中，应采取哪些安全措施？

____

____

____

问题 5：什么是“三不进入”原则？

____

____

____

问题 6：进入受限空间作业时，若有人出现中毒、窒息等紧急情况，应该如何施救？

____

____

____

六、知识链接

知识链接 1：进入受限空间作业的准备工作

（1）隔离

进入受限空间前应事先编制能量隔离清单，隔离有关能源与物料的外部来源，与其相连的附属管道应断开或者盲板隔离；有关设备应进行机械隔离与电气隔离，所有隔离点均应挂牌，同时按清单内容逐项核查隔离措施，并作为《受限空间作业许可证》的附件。

① 受限空间与其他系统连通的可能危及安全作业的管道应采取有效隔离措施；

② 可采用插入盲板或拆除一段管道进行管道安全隔离，不能用水封或关闭阀门等代替盲板或拆除管道；

③ 与受限空间相连通的可能危及安全作业的孔、洞应进行严密的封堵；

④ 受限空间带有搅拌器等用电设备时，应在停机后切断电源，上锁并加挂警示牌。

（2）清洗、清理

受限空间作业前，应根据受限空间盛装（过）的物料特性，对受限空间进行清洗或置换，并达到下列要求。

① 氧含量一般为 18% ～ 21%，在富氧环境下不得大于 23.5%；

② 有毒气体（物质）浓度应符合 GBZ 2.1—2019《工作场所有害因素职业接触限值　第 1 部分：化学有害因素》的规定；

③ 可燃气体浓度：当被测气体或蒸气的爆炸下限大于等于 4% 时，其被测体积分数不大于 0.5%，当被测气体或蒸气的爆炸下限小于 4% 时，其被测体积分数不大于 0.2%。

（3）气体检测

凡是有可能存在缺氧、富氧、有毒有害气体、易燃易爆气体、粉尘等，事前均应进行气体检测，注明检测时间与结果。

受限空间内气体检测的结果报出 30 min 后，仍未开始作业，应重新进行检测。如作业中断，再进入之前应重新进行气体检测。

知识链接 2：受限空间作业流程

实施受限空间作业的流程主要包括作业申请、作业审批、作业实施和作业关闭等四个环节。

① 作业申请：由作业单位的现场作业负责人提出，作业单位参加作业区域所在单位组织的风险分析，根据提出的风险管控要求制定并落实安全措施。

② 作业审批：由作业批准人组织作业申请人等有关人员进行书面审查和现场核查，确认合格后，批准受限空间作业。

③ 作业实施：由作业人员按照《受限空间作业许可证》的要求，实施受限空间作业，监护人员按规定实施现场监护。

④ 作业关闭：在受限空间作业结束后，由作业人员清理并恢复作业现场，作业申请人和作业批准人在现场验收合格后，签字关闭《受限空间作业许可证》。

知识链接 3：进入受限空间作业综合安全措施

（1）监护

进入受限空间作业应指定专人监护，不得在无监护人员的情况下作业，作业监护人员不得离开现场或者做与监护无关的事情。监护人员与作业人员应明确联络方式并始终保持有效的沟通。进入特别狭小的空间作业时，作业人员应系安全可靠的安全绳，监护人可通过系在作业人员身上的安全绳进行沟通联络。

（2）在受限空间作业期间，严禁同时进行各类与该受限空间有关的试车、试压或者试验等工作。

（3）温度

受限空间内的温度应控制在不对人员产生危害的安全范围内。

（4）通风

① 为保证受限空间内空气流通与人员呼吸需要，可自然通风。必要时应采取强制通风，并尽可能抽取远离工作区域的新鲜空气，严禁向受限空间通纯氧。进入期间的通风不能代替进入之前的吹扫工作。

② 在特殊情况下，作业人员应佩戴正压式空气呼吸器或者长管呼吸器。佩戴长管呼吸器时，应认真检查气密性并防止通气长管被挤压，吸气口应置于新鲜空气的上风口并有专人监护。

（5）受限空间内设备

对受限空间内阻碍人员移动、对作业人员造成危害、影响救援的设备（如搅拌器），应采取固定措施，必要时应移出受限空间。

（6）照明及电气

① 进入受限空间作业，应有足够的照明。照明灯具应符合防爆要求。使用手持电动工具应有漏电保护装置。

② 进入受限空间作业照明应使用安全电压不大于 24 V 的安全行灯。金属设备内与特别潮湿作业场所作业时，其安全灯电压应为 12 V 且绝缘性能良好。

③ 当受限空间原先盛装爆炸性液体、气体等介质时，应使用防爆电筒或者电压不大于 12 V 的防爆安全行灯，行灯变压器不应放在容器内或者容器上。作业人员应穿戴防静电服装，使用防爆工具、机具。

（7）防坠落、防滑跌

受限空间内可能会出现坠落或者滑跌，应特别注意受限空间中的工作面（包含残留物、工作物料或者设备）与到达工作面的路径，并制定预防坠落或者滑跌的安全措施。

（8）个人防护装备

根据作业中存在的风险种类与风险程度，依据有关防护标准，配备个人防护装备并确保正确穿戴。

（9）静电防护

为防止静电危害，应对受限空间内或者其周围的设备接地，并进行检测。

（10）人员、工具与材料清点

进入受限空间作业的人员及其携入的工具、材料要登记，作业结束后作业单位监护人参照清单清点人员、工具与材料，确认无遗留后，做好记录；属地单位监护人核查签字。

（11）涉及动火、临时用电、起重吊装、高处作业等时应执行有关管理规定。

（12）受限空间的出入口内外不得有障碍物。

（13）受限空间作业时，通常不得使用卷扬机、吊车等设备运送作业人员，特殊情况需经安全部门批准。

（14）作业人员进入受限空间前，应首先拟定逃生方法。作业过程中适当安排人员轮换。

（15）当设备与容器内有夹套、填料、衬里、密封圈等，尽管化验分析合格，但仍有可能继续释放有毒、有害与可燃气体，作业时要佩戴氧气检测报警仪、可燃气体报警仪、有毒气体检测报警仪。

知识链接 4:《受限空间作业许可证》的办理及管理

办理《受限空间作业许可证》，涉及办理人、监护人员、作业人员、审批人、批准人等。要求各尽其责，人人把关。通过层层的办理程序，有效避免“某一个人”“某一环节”对“某一危险因素”的疏忽和迟钝。

最长作业时限不该超出 24 h，特别状况超出时限的应办理作业缓期手续。

《受限空间作业许可证》的保存期限为 1 年。

知识链接 5：受限空间作业相关人员职责

（1）作业负责人的职责

① 对受限空间作业安全负全面责任。

② 在受限空间作业环境、作业方案和防护设施及用品达到安全要求后，可安排人员进入受限空间作业。

③ 在受限空间及其附近发生异常情况时，应停止作业。

④ 检查、确认应急措施准备情况，核实内外联络及呼叫方法。

⑤ 对未经允许试图进入或已经进入受限空间者进行劝阻或责令退出。

（2）监护人员的职责

① 对受限空间作业人员的安全负有监督和保护的职责。

② 了解可能面临的危害，对作业人员出现的异常行为能够及时警觉并做出判断。与作业人员保持联系和交流，观察作业人员的状况。

③ 当发现异常时，立即向作业人员发出撤离警报，并帮助作业人员从受限空间逃生，同时立即呼叫紧急救援。

④ 掌握应急救援的基本知识。

（3）作业人员的职责

① 负责在保障安全的前提下进入受限空间实施作业任务。作业前应了解作业的内容、地点、时间、要求，熟知作业中的危害因素和应采取的安全措施。

② 确认安全防护措施落实情况。

③ 遵守受限空间作业安全操作规程，正确使用受限空间作业安全设施与个人防护用品。

④ 应与监护人员进行必要的、有效的安全、报警、撤离等双向信息交流。

⑤ 服从作业监护人员的指挥，如发现作业监护人员不履行职责时，应停止作业并撤出受限空间。

⑥ 在作业中如出现异常情况或感到不适或呼吸困难时，应立即向作业监护人员发出信号，迅速撤离现场。

（4）审批人员的职责

① 审查《受限空间作业许可证》的办理是否符合要求；

② 到现场了解受限空间内外情况；

③ 督促检查各项安全措施的落实情况。

知识链接6：进入受限空间作业时，若有人出现中毒、窒息等紧急情况，应采取的施救措施

（1）切勿独自进入

在发现有人中毒窒息后，切勿独自进入受限空间。这是因为中毒气体或有害物质可能对人体产生严重威胁，继续进入可能导致更多人员受害。

（2）立即呼叫救援

迅速拨打当地紧急救援电话（如120或119），并向相关人员报告受限空间中的窒息情况。提供准确的位置和详细的状况描述能够帮助救援人员更好地进行救援。

（3）确保自身安全

站在安全地点外与中毒窒息者保持足够的距离，并避免接触受限空间中可能存在的危险物质。如果可以在安全条件下进行，尝试将中毒窒息者拖离受限空间，但要确保自己不会接触到有害物质。

（4）采取通风措施

如可能，开启受限空间的通风设备，以稀释和冲淡有毒有害气体。

（5）提供呼吸援助

如果具备相关急救知识和技能，且确保自身安全的情况下，可采取适当的呼吸援助措施，如心肺复苏（CPR）或口对口人工呼吸。但需注意，某些中毒情况可能禁止口对口人工呼吸（如氰化物类剧毒中毒）。

（6）选择正确的救援方式

① 非进入式救援。如果被困人员穿戴了全身式安全带并连接了安全绳与空间外挂点可靠连接，且被困人员位置和受限空间出口无障碍物阻挡，可以采用非进入式救援，如使用安全绳将被困人员提升或拖拽至安全区域。

② 进入式救援。当非进入式救援不可行时（如被困人员未穿戴安全带和安全绳），救援人员需做好个人防护（穿戴空气呼吸器或长管送风呼吸器、防护服，配备安全绳、对讲机等装备），并与受限空间外救援人员预定救援信号。在必要时，可以利用送风机向受限空间内强制送风。

（7）转移伤员

将被困人员救出后，立即转移至空气通畅、新鲜的地方，并判断伤者意识。如出现昏迷、休克现象，应解开其上衣、腰带保持呼吸道通畅。如出现呼吸、心跳停止，应立即进行心肺复苏和人工呼吸。

（8）等待专业救援

让专业的救援人员来处理受限空间中的窒息情况。在等待救援过程中，持续提供必要的支持和安慰。

七、任务计划和任务准备

1. 小组讨论，并从人员操作、作业环境、有毒有害物质、设备和工具等方面分析本次作业存在的危险因素并提出防护措施（表 5-9）。

表 5-9　危险因素与防护措施

序号	危险因素	危害后果	防护措施
1			
2			
3			
4			
5			
6			
7			
8			

2. 小组讨论，从个人防护、岗位职责、作业流程规范与安全要求等方面提出实施本次任务时的注意事项。

（1）______________________________

（2）______________________________

（3）______________________________

（4）______________________________

（5）______________________________

（6）______________________________

3. 制定完成本次任务的工作流程。

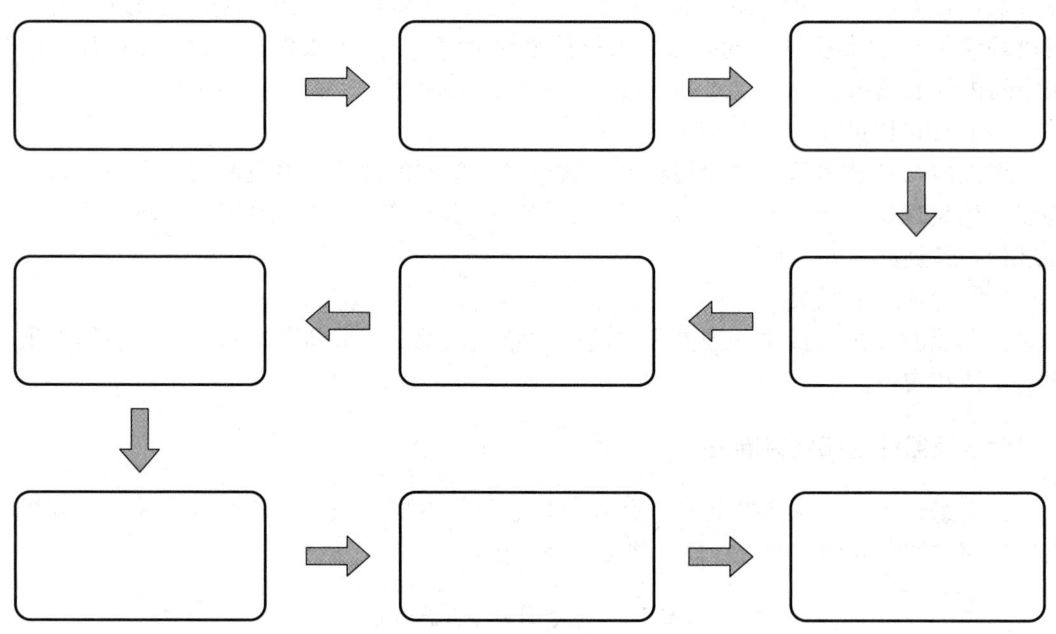

4. 实施本次任务，需准备的防护用品和工具见表 5-10。

表 5-10　个人防护用品和工具清单

序号	项 目	名称及规格	数量	分工
1	作业工具			
2	个人防护用品			
3	消防器材			
4	备品配件			

八、任务实施与评价

《受限空间作业许可证》见表 5-11。

表 5-11　《受限空间作业许可证》

许可证编号：

申请单位			
设备名称（位号）	汽提塔（T-101）	作业人	
作业内容	汽提塔（T-101）塔盘浮阀更换		
监护人		作业负责人	
作业票签发人			
作业证有效时间	年　月　日　时　分至　年　月　日　时　分		

以下所有内容必须有相关的安全、技术等人员进行签字确认，如果作业条件、工作内容等发生异常变化，必须立即停止作业，本作业票失效

作业条件	确认人
1. 作业前对进入设备作业的危险性进行分析，对作业人员进行应急、救护等安全技术交底	
2. 所有与设备有联系的阀门、管线加盲板隔离，所加盲板列出清单。落实拆装责任人	
3. 设备经过置换、吹扫、蒸煮	
4. 设备打开通风孔自然通风 2 h 以上，温度适宜人员作业，必要时采用强制通风或佩戴空气呼吸器，但设备内部动火缺氧时，严禁用通氧方法补氧	
5. 相关设备进行处理，待搅拌机设备切断电源，挂“禁止合闸”标志牌，上锁或专人看护	
6. 使用照明要用安全电压，电线绝缘良好，在特别潮湿的场所和金属设备内作业，行灯电压应在 12 V 以下。使用手持工具应有漏电保护装置（① 36 V；② 24 V；③ 12 V）	
7. 检查设备内部，具备作业条件，清罐时采用防爆工具	
8. 设备周围区域及入口内外无障碍物，以确保工作及进出安全	
9. 作业人员着装规范，防护器材佩戴齐全	
10. 盛装过可燃有毒液体、气体的设备，要进行气体含量分析，浓度不得超过标准，并附上分析报告	
11. 已检测确认设备可燃气体浓度。初始数据　时间：　后续记录　时间：	
12. 已检测确认设备内氧气浓度。初始数据　时间：　后续记录　时间：	
13. 已检测确认设备内没有毒气。初始数据　时间：　后续记录　时间：	
14. 指出设备存在的其他危害因素，如内部附件或集液坑	
15. 作业监护措施：	
16. 其他补充措施：	

监护人意见： 签字：	作业负责人意见： 签字：

续表

设备单位意见： 签字：	生产单位负责人意见： 签字：
公司（直属单位）安全环保部门意见： 签字：	公司（直属单位）领导审批： 签字：
完工验收：　　年　月　日　时　分	签字：

1. 小组互评（表 5-12）

表 5-12　任务评分表

序号	考核项目	考核内容	得分
1	作业证办理（10 分）	作业负责人办理《受限空间作业许可证》（10 分）	
2	防护措施（10 分）	选择个人防护用品、工具、安全措施（10 分）	
3	作业环境准备（25 分）	监护人布置警戒线，高度最低 0.5 m，设置“严禁进入”标志牌（5 分）	
		外操和班长打开人孔，进行空气置换，通风，挂受限空间作业警示牌（10 分）	
		作业负责人进行受限空间作业气体检测。如果检测不合格，加强通风，将数据填写到《受限空间作业许可证》上。检测合格后，开始作业，将数据填写到《受限空间作业许可证》上（10 分）	
4	作业过程（35 分）	作业监护人在作业现场监护，距离作业人员 3 m 以内，且不能超越黄线区域，必须在警戒线以内（5 分）	
		作业人员选择安全电压 36 V，进入受限空间汽提塔内（5 分）	
		作业人员悬挂安全带，悬挂低压防爆灯（5 分）	
		作业人员拆卸塔盘，将塔盘递出汽提塔（5 分）	
		作业负责人（班长）接住塔盘，在警戒线内进行浮阀的更换（5 分）	
		作业人员再次进入受限空间汽提塔内，挂好安全带，将更换好浮阀的塔盘安装好，上好卡扣，检查工具是否有落下的，出受限空间汽提塔（10 分）	
5	清理现场（20 分）	关闭人孔：作业人员安装人孔，将拆下的螺栓安装，并用扳手上紧（10 分）	
		清理现场，归还个人防护用品，归还工具，恢复安全措施（10 分）	
总分			

2. 教师评价（表 5-13）

表 5-13　考核评价表

项目名称	评价内容	得分
职业素养（30 分）	积极参加教学活动，按时完成工作活页（10 分）	
	团队合作（10 分）	
	保持现场整洁（10 分）	
专业能力（70 分）	引导问题回答正确（20 分）	
	操作过程规范、熟练（40 分）	
	无不安全、不文明操作（10 分）	
总分		
本次任务得分	小组互评 ×70%＋教师评价 ×30%	

3. 评价与分析

任务完成后，根据任务实施情况，分析存在的问题及原因（表 5-14）。

表 5-14　任务实施情况分析表

任务实施过程	存在的问题	原因

学生签字：	教师签字：
	年　　月　　日

任务三　动火作业

一、学习情境

动火 作业是指使用明火或产生高温的作业活动，包括焊接、切割、熔化金属等。由于动火作业涉及明火的使用，一旦操作不当就会引起火灾、爆炸、高温烫伤等严重事故，因此，在进行动火作业时必须严格遵守相应的要求和采取必要的安全措施，以保证人员和设备的安全。

二、学习目标

知识目标

1. 了解动火作业的基本概念和分级。

2. 掌握动火作业安全防火要求。

3. 熟悉实施动火作业人员安全职责。

能力目标

1. 熟悉动火作业前的准备工作和作业流程。

2. 掌握动火作业的安全措施和应急处理方法。

素质目标

1. 培养安全意识，充分认识到动火作业的危险性和重要性，时刻保持高度的警惕性和责任心。

2. 提高应对突发事故的能力，能够在紧急情况下迅速采取正确的应急处理措施，保障人员和财产的安全。

3. 培养良好的沟通能力和团队协作能力，能够与监护人员、作业人员及其他相关部门有效沟通，共同保障动火作业的安全进行。

三、任务描述

在含乙酸乙酯物料装置的计划性检修作业过程中，需要你班组完成一项一级动火作业。本次作业涉及的实训装置见图 4-2。

四、任务分组

人员分工见表 5-15。

表 5-15　人员分工表

成员	姓名	学号	角色分工
组长			
小组成员			

五、引导问题

事故案例：2019 年 4 月 15 日 15 时 37 分左右，位于山东省济南市历城区的某公司在对冻干粉针剂生产车间地下室的冷媒水（乙二醇溶液）系统管道改造过程中发生重大事故，造成10人死亡、12人轻伤。经调查这起事故的直接原因为公司四车间地下室管道改造作业过程中，违规进行动火作业，电焊或切割产生的焊渣或火花引燃现场堆放的冷媒增效剂（主要成分为氧化剂亚硝酸钠，有机物苯并三氮唑、苯甲酸钠），瞬间产生爆燃，放出大量氮氧化物等有毒气体，造成现场施工和监护人员中毒窒息死亡。经现场勘察、模拟验证和论证分析，事故发生前，地下室管道改造作业采取了焊接、切割等方式，电焊或切割产生的焊渣或火花是本次事故的点火源。当焊渣或火花跌落或喷溅到现场堆放的冷媒增效剂上时，剧烈反应产生的热量来不及释放，导致冷媒增效剂物料温度迅速升高并熔融，反应急剧加速产生爆燃。氮氧化物、一氧化碳等有毒有害气体大量生成并在有限空间内快速聚集，空间内有限的氧气因参与燃烧反应而迅速减少，造成现场作业人员中毒窒息死亡。

问题1：观看以上动火作业事故案例，小组讨论分析事故发生的原因有哪些。

____

____

____

问题2：小组讨论并分析动火作业过程中有哪些风险因素。

____

____

____

问题3：动火作业前应做哪些准备？

____

____

____

问题4：动火作业过程中应采取哪些安全措施？

____

____

____

问题5：什么是“四不动火”原则？

____

____

____

六、知识链接

知识链接1：动火作业分级管理

动火作业是指能直接或间接产生明火的工艺设置以外的非常规作业，如使用电焊、气焊（割）、喷灯、电钻、砂轮等进行可能产生火焰、火花和炽热表面的非常规作业。由于动火作业涉及明火和高温，对作业现场的安全构成直接威胁，因此必须进行严格的分级管理。动火作业分级管理是指根据动火作业的危险程度、作业环境、作业条件等因素，将动火作业分为不同等级，并针对不同等级采取相应的管理措施。通过分级管理，可以更加精确地控制动火作业的风险，确保作业安全。

动火作业分为特级动火作业、一级动火作业和二级动火作业。

（1）特级动火作业

在生产运行状态下的易燃易爆生产装置、输送管道、储罐、容器等部位及其他特殊危险场所进行的动火作业。带压不置换动火作业按特级动火作业管理。

（2）一级动火作业

在易燃易爆场所进行的除特级动火作业以外的动火作业。厂区管廊上的动火作业按一级动火作业管理。

（3）二级动火作业

除特级动火作业和一级动火作业以外的禁火区的动火作业。生产装置或系统全部停车，装置经清洗、置换、取样分析合格并采取安全隔离措施后，根据其火灾、爆炸危险性大小，经厂安全（防火）部门批准，动火作业可按二级动火作业管理。遇节假日或其他特殊情况时，动火作业应升级管理。

知识链接 2：动火作业常见事故原因

动火作业是工业生产中不可避免的重要操作之一，但由于其涉及明火、高温和易燃物质，若操作不当或管理不善，极易引发安全事故。以下是动火作业中常见的事故原因。

（1）焊渣飞溅

焊渣飞溅是动火作业中最常见的事故原因之一。在焊接过程中，焊渣因高温而熔化，并在冷却过程中形成固态颗粒。这些焊渣颗粒往往高速飞散，一旦接触到可燃物，就可能引发火灾。尤其是在密闭或通风不良的环境中，焊渣飞溅的危害更为严重。

（2）操作不当

操作不当是导致动火作业事故的另一重要原因。操作人员在作业过程中可能未严格遵守操作规程，如未正确使用焊接设备、未佩戴个人防护装备、擅自改变作业参数等。这些不当操作可能增加火灾、爆炸等事故的风险，严重威胁作业人员的生命财产安全。

（3）无证上岗

无证上岗也是动火作业中常见的安全隐患。未经专业培训和考核的人员往往缺乏必要的安全知识和技能，无法正确判断作业过程中的风险并采取相应的防范措施。这种情况下，一旦遇到紧急情况，他们可能无法及时、有效地应对，从而导致事故的发生。

（4）环境隐患

动火作业环境中存在的隐患也是事故发生的重要原因。如作业现场存在易燃易爆物质、氧气浓度过高、通风不良等，都可能增加火灾、爆炸等事故的风险。此外，作业环境中的电气设备、消防设施等也可能存在安全隐患，一旦出现问题，就可能引发事故。

（5）管理不善

管理不善是导致动火作业事故的深层次原因。这包括安全管理制度不完善、安全责任制不明确、安全检查不到位等方面。如果企业没有对动火作业进行有效的管理和监督，就可能无法及时发现和纠正作业过程中的安全隐患，从而导致事故的发生。

知识链接 3：动火作业前的准备

① 对动火作业现场进行勘察，了解作业环境、设备状况和危险源；

② 编制动火作业方案，明确作业范围、安全措施和应急处理方法；

③ 通知相关部门和人员，确保他们了解动火作业的时间和地点；

④ 准备所需的工具、材料和设备，确保作业顺利进行；

⑤ 安排监护人员，负责现场安全监管和异常情况的处理。

知识链接 4：动火作业流程

实施动火作业的流程主要包括作业申请、作业审批、作业实施和作业关闭等四个环节。

① 作业申请：由作业单位的现场作业负责人提出，作业单位参加作业区域所在单位组织的风险分析，根据提出的风险管控要求制定并落实安全措施。

② 作业审批：由作业批准人组织作业申请人等有关人员进行书面审查和现场核查，确认合格后，批准动火作业。

③ 作业实施：由作业人员按照《动火作业许可证》的要求，实施动火作业，监护人员按规定实施现场监护。

④ 作业关闭：在动火作业结束后，由作业人员清理并恢复作业现场，作业申请人和作业批准人在现场验收合格后，签字关闭《动火作业许可证》。

知识链接 5：动火作业的安全要求

（1）资格要求

① 动火作业人员必须接受专业的安全培训和技能培训，并取得相应的操作证书；

② 作业负责人和监护人员应具备一定的安全管理知识和经验，能够对作业过程进行有效监督和管理。

（2）安全检查

① 在动火作业前，应对作业现场进行全面的安全检查，包括易燃易爆物质的清理、设备的完好性、消防器材的配备等；

② 动火作业前，对作业中可能产生火花、火星等火源的设备和工具，应进行必要的隔离和防护。

（3）防护用具

① 动火作业人员应佩戴符合要求的防护用具，如阻燃工作服、防火手套、焊接面罩、护目镜等；

② 确保防护用具的完好性和适用性，避免使用破损或不符合要求的防护用具。

（4）安全距离

① 动火作业现场应设置明显的警示标志和警戒线，确保非作业人员与作业区域保持一定的安全距离；

② 对于易燃易爆物质和火源之间，应设置足够的安全距离，防止火灾和爆炸事故的发生。

（5）专人看护

① 动火作业期间，应安排专人进行看护和监护，确保作业现场的安全和秩序；

② 监护人员应具备一定的安全管理知识和经验，能够及时发现和处理异常情况。

（6）安全措施

① 在动火作业前，应制定详细的安全措施和应急预案，确保在紧急情况下能够迅速有效地应对；

② 对于可能产生有害气体的作业，应采取必要的通风和排气措施，防止有害气体积聚。

（7）作业环境

① 确保作业现场的环境整洁、干燥、无积水、无油污等易燃物质；

② 对于作业现场中的通风、照明、消防等设施和设备，应确保其完好性和可用性。

（8）监护与记录

① 动火作业期间，监护人员应全程监护作业过程，确保作业人员遵守安全操作规程和安全要求；

② 作业完成后，应对作业现场进行全面检查，确保无遗留火源和安全隐患；

③ 做好动火作业记录，包括作业时间、地点、人员、安全措施、检查情况等，以便日后查阅和追溯。

通过严格遵守以上动火作业的安全要求，可以最大限度地降低动火作业的安全风险，确保作业人员和现场安全。

知识链接 6:《动火作业许可证》的办理

（1）《动火作业许可证》的审批

① 《特级动火作业许可证》由主管厂长或总工程师审批；

② 《一级动火作业许可证》由主管安全（防火）部门审批；

③ 《二级动火作业许可证》由动火点所在车间主管负责人审批。

（2）《动火作业许可证》的有效期限

① 《特级动火作业许可证》和《一级动火作业许可证》有效期不超过 8 h；

② 《二级动火作业许可证》有效期不超过 72 h，每日动火前应进行动火分析；

③ 动火作业超过有效期限，应重新办理《动火作业许可证》；

④ 《动火作业许可证》保存期限至少为 1 年。

知识链接 7：实施动火作业人员安全职责

（1）动火作业负责人

① 负责办理《动火作业许可证》并对动火作业负全面责任；

② 应在动火作业前详细了解作业内容和动火部位及周围情况，参与动火安全措施的制定、落实，向作业人员交代作业任务和防火安全注意事项；

③ 作业完成后，组织检查现场，确认无遗留火种后方可离开现场。

（2）作业人员（动火人）

① 应参与风险危害因素辨识和安全措施的制定；

② 应逐项确认相关安全措施的落实情况；

③ 应确认动火地点和时间；

④ 若发现不具备安全条件时不得进行动火作业；

⑤ 应随身携带《动火作业许可证》；

⑥ 动火作业结束后，负责清理作业现场，确保现场无安全隐患。

（3）作业监护人（监火人）

① 负责动火现场的监护与检查，发现异常情况应立即通知动火人停止动火作业，及时联系有关人员采取措施。

② 应坚守岗位，不准脱岗；在动火期间，不准兼做其他工作。

③ 当发现动火人违章作业时应立即制止。

④ 熟悉紧急情况下的应急处置程序和救援措施，熟练使用相关消防设备、救护工具等应急器材，可进行紧急情况下的初期处置。

⑤ 在动火作业完成后，应会同有关人员清理现场，清除残火，确认无遗留火种后方可离开现场。

七、任务计划和任务准备

1. 小组讨论，并从人员操作、作业环境、有毒有害物质、设备和工具等方面分析本次作业存在的危险因素并提出防护措施（表 5-16）。

表 5-16　危险因素与防护措施

序号	危险因素	危害后果	防护措施
1			
2			
3			
4			
5			
6			
7			
8			

2. 小组讨论，从个人防护、岗位职责、作业流程规范与安全要求等方面提出实施本次任务时的注意事项。

（1）＿＿＿＿＿＿＿＿＿＿＿＿＿＿＿＿＿＿＿＿

（2）＿＿＿＿＿＿＿＿＿＿＿＿＿＿＿＿＿＿＿＿

（3）＿＿＿＿＿＿＿＿＿＿＿＿＿＿＿＿＿＿＿＿

（4）＿＿＿＿＿＿＿＿＿＿＿＿＿＿＿＿＿＿＿＿

（5）＿＿＿＿＿＿＿＿＿＿＿＿＿＿＿＿＿＿＿＿

（6）＿＿＿＿＿＿＿＿＿＿＿＿＿＿＿＿＿＿＿＿

3. 制定完成本次任务的工作流程。

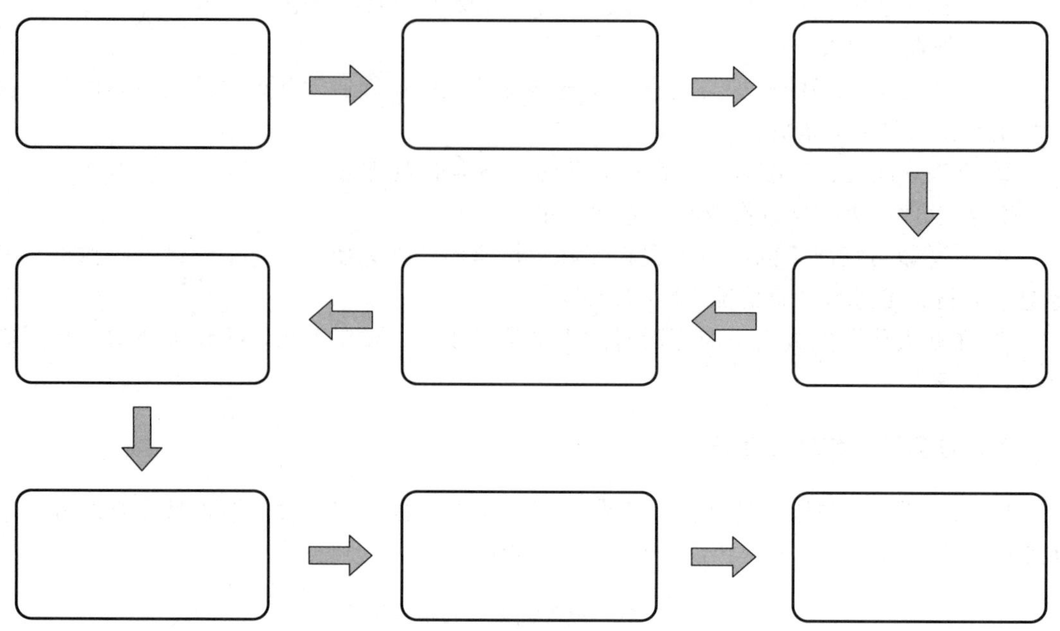

4. 实施本次任务，需准备的防护用品和工具见表 5-17。

表 5-17　个人防护用品和工具清单

序号	项 目	名称及规格	数量	分工
1	作业工具			
2	个人防护用品			
3	消防器材			
4	备品配件			

八、任务实施与评价

《一级动火作业许可证》见表 5-18。

表 5-18　《一级动火作业许可证》

一级动火作业许可证

作业证编号：

申请作业单位					
申请人		动火人		监护人	

动火作业部位及内容：回流管线直管段固定位置管线的动火切割管线更换

动火作业时间	年　月　日　时　分至　年　月　日　时　分

作业证签发条件（必须在作业之前满足）

动火点周围气体采样分析

分析人	地点	日期	检测结果	
			可燃气体浓度	有毒气体浓度
	回流管线直管段	年　月　日　时　分		
		年　月　日　时　分		
		年　月　日　时　分		

作业证签发条件（必须在作业前满足）

序号	动火安全措施	确认人
1	动火设备内部的物料清理干净，蒸汽吹扫或水洗合格，达到用火条件	
2	断开与动火设备相连的所有管线，加盲板（　　）块	
3	动火点范围（最小半径 15 m）的下水井、地漏、地沟、电缆沟等已清除易燃物，并已覆盖，铺沙、水封	
4	罐区动火点同一围墙内和防火间距内的油罐不得脱水作业	
5	高空动火作业必须采取防火花飞溅措施，大于 5 级风时禁止动火作业	
6	清除动火点周围可燃、易爆物	
7	电焊回路线应接在焊件上，把线不得穿过下水井或其他设备搭建	
8	乙炔瓶（禁止卧放）、氧气瓶与动火点的距离不得少于（　　）m	
9	动火现场备消防蒸汽管（　　）根、（　　）灭火器（　）个、防火毯（　　）块，铁锹（　　）把	
10	其他安全措施：	

动火申请单位意见： 签字：	分厂意见： 签字：
安全监督单位意见： 签字：	分管安全副总（总工）意见： 签字：

动火结束验收		验收人		日期	

1. 小组互评（表 5-19）

表 5-19 任务评分表

<table>
<tr><th>序号</th><th>考核项目</th><th colspan="2">考核内容</th><th>得分</th></tr>
<tr><td>1</td><td>作业证办理
（10 分）</td><td colspan="2">作业负责人办理《一级动火作业许可证》（10 分）</td><td></td></tr>
<tr><td rowspan="2">2</td><td rowspan="2">防护措施
（15 分）</td><td colspan="2">选择个人防护用品（10 分）</td><td></td></tr>
<tr><td colspan="2">干粉灭火器、消防沙、消防蒸汽的准备（5 分）</td><td></td></tr>
<tr><td rowspan="7">3</td><td rowspan="7">作业环境准备
（35 分）</td><td colspan="2">动火作业现场警戒线，“严禁进入”警示牌（5 分）</td><td></td></tr>
<tr><td colspan="2">作业人员选择物品（标尺、氧气瓶、乙炔瓶、气体检测器）（5 分）</td><td></td></tr>
<tr><td rowspan="2">动火条件检测</td><td>1. 乙酸乙酯气体浓度≤ 0.2%（体积分数）（5 分）</td><td></td></tr>
<tr><td>2. 气瓶之间 5 m，气瓶与动火点 10 m（5 分）</td><td></td></tr>
<tr><td colspan="2">作业人员摆放物品，摆放标尺，物品必须在警戒线以内（5 分）</td><td></td></tr>
<tr><td colspan="2">作业负责人（班长）现场检测可燃气体浓度是否超标，填写《一级动火作业许可证》（5 分）</td><td></td></tr>
<tr><td colspan="2">监护人必须距离作业人员 3 m 以内，必须在黄线以内，必须在警戒线以内（5 分）</td><td></td></tr>
<tr><td>4</td><td>作业过程
（20 分）</td><td colspan="2">严格按照操作规程作业（20 分）</td><td></td></tr>
<tr><td rowspan="2">5</td><td rowspan="2">清理现场
（20 分）</td><td colspan="2">作业人员作业完成后，清理现场，归还个人防护用品，归还工具，恢复安全措施（10 分）</td><td></td></tr>
<tr><td colspan="2">清理装置区，保持干净整洁（10 分）</td><td></td></tr>
<tr><td colspan="2">总分</td><td colspan="3"></td></tr>
</table>

2. 教师评价（表 5-20）

表 5-20 考核评价表

<table>
<tr><th>项目名称</th><th>评价内容</th><th>得分</th></tr>
<tr><td rowspan="3">职业素养
（30 分）</td><td>积极参加教学活动，按时完成工作活页（10 分）</td><td></td></tr>
<tr><td>团队合作（10 分）</td><td></td></tr>
<tr><td>保持现场整洁（10 分）</td><td></td></tr>
<tr><td rowspan="3">专业能力
（70 分）</td><td>引导问题回答正确（20 分）</td><td></td></tr>
<tr><td>操作过程规范、熟练（40 分）</td><td></td></tr>
<tr><td>无不安全、不文明操作（10 分）</td><td></td></tr>
<tr><td>总分</td><td colspan="2"></td></tr>
<tr><td>本次任务得分</td><td>小组互评 ×70%＋教师评价 ×30%</td><td></td></tr>
</table>

3. 评价与分析

任务完成后，根据任务实施情况，分析存在的问题及原因（表 5-21）。

表 5-21　任务实施情况分析表

任务实施过程	存在的问题	原因

学生签字：	教师签字：
	年　月　日

任务四　高处作业

一、学习情境

石油化工装置多数为多层布局，高处作业的机会比较多，如设备巡检、设备管线拆装、阀门检修更换、防腐保温刷漆、仪表调校、电缆架空敷设等。据统计，石油化工企业高处坠落事故造成伤亡人数仅次于火灾和中毒事故。学习高处作业的相关知识，了解高处作业的安全风险和预防措施，加强对高处作业的安全管理和技能培训，提高作业人员的安全意识，对于确保高处作业的安全具有重要意义。

二、学习目标

知识目标

1. 了解高处作业的基本类型。
2. 熟悉高处作业的安全要求。
3. 熟悉实施作业人员的安全职责。

能力目标

1. 能够熟练判断高处作业现场的安全状况，并提出防护措施。
2. 学会使用并能够正确检查和维护安全带、脚手架等高处作业安全设备。
3. 掌握高处作业的基本操作技能。

素质目标

1. 培养安全意识，高度重视高处作业安全生产管理。

2. 提高应对突发事故的能力，能够在紧急情况下迅速采取正确的应急处理措施，保障人员和财产的安全。

3. 培养良好的沟通能力和团队协作能力，能够与监护人员、作业人员及其他相关部门有效沟通，共同保障高处作业的安全进行。

三、任务描述

在含乙酸乙酯物料装置的计划性检修作业过程中，需要你班组完成一项高处作业。实训装置见图 5-3。

图 5-3　乙酸乙酯物料装置高处作业实训装置图

四、任务分组

人员分工见表 5-22。

表 5-22　人员分工表

成员	姓名	学号	角色分工
组长			
小组成员			

五、引导问题

事故案例：2023 年 8 月 15 日上午 6 时 20 分许，菏泽郓城某区建筑施工项目中发生较大高处坠落事故。作业人员在未使用安全带的情况下乘坐吊篮，在高处作业时钢丝绳断裂，吊篮倾覆，在吊篮旋转、倾覆过程中 5 名搭乘人员先后从吊篮脱离坠落至地面，事故造成 5 人死亡。

问题 1：观看以上高处作业事故案例，小组讨论分析事故发生的原因。

____

____

____

问题 2：小组讨论并分析高处作业过程中的风险因素，并提出相应的事故预防措施。

____

____

____

六、知识链接

知识链接 1：高处作业相关基础知识

（1）高处作业的定义

在距坠落高度基准面 2 m 或 2 m 以上有可能坠落的高处进行的作业。

（2）高处作业的级别

高处作业（作业高度 h_w）分为四个等级：

① Ⅰ级（2 m ≤ h_w ≤ 5 m）；

② Ⅱ级（5 m < h_w ≤ 15 m）；

③ Ⅲ级（15 m < h_w ≤ 30 m）；

④ Ⅳ级（h_w > 30 m）。

经过危害分析，因作业环境的危害因素导致风险度增加时，高处作业应进行升级管理。

（3）可能坠落范围半径

根据基础高度 h_b 不同其可能坠落范围半径 R 分别是：

① 当 h_b 为 2 ～ 5 m 时，半径 R 为 3 m；

② 当 h_b 为 5 m 以上至 15 m 时，半径 R 为 4 m；

③ 当 h_b 为 15 m 以上至 30 m 时，半径 R 为 5 m；

④ 当 h_b 为 30 m 以上时，半径 R 为 6 m；

⑤ 基础高度 h_b 为以作业位置为中心，6 m 为半径，划出的垂直于水平面的柱形空间内的最低处与作业位置间的高度差。

（4）高处作业的基本类型

高处作业主要包括临边、洞口、攀登、悬空、交叉等基本类型，这些类型的高处作业是高处作业伤亡事故可能发生的主要地点。

① 临边作业。临边作业是指施工现场中，工作面边沿无围护设施或围护设施高度低于 80 cm 时的高处作业。

② 洞口作业。洞口作业是指孔、洞口旁边的高处作业，包括施工现场及通道旁深度在 2 m 及 2 m 以上的桩孔、沟槽与管道孔洞等边沿作业。

③ 攀登作业。攀登作业是指借助建筑结构或脚手架上的登高设施或采用梯子或其他登高设施在攀登条件下进行的高处作业。

④ 悬空作业。悬空作业是指在周边临空状态下进行高处作业。其特点是在操作者无立足点或无牢靠立足点条件下进行高处作业。

⑤ 交叉作业。交叉作业是指在施工现场的上下不同层次，于空间贯通状态下同时进行的高处作业。

⑥ 其他特殊高处作业。如雨雪天气进行的高处作业，夜间进行的高处作业，在有限空间内的高处作业，接近或接触带电体的带电高处作业，在 40 ℃及以上高温、−20 ℃及以下寒冷环境下的异温高处作业等。

知识链接 2：高处作业安全管理

① 从事高处作业时必须设专人监护。Ⅲ级及以上高处作业应办理《高处作业许可证》(简称许可证)，并配备通信工具。

② 凡患有未控制的高血压、恐高症、癫痫、晕厥及眩晕症、器质性心脏病或各种心律失常、四肢骨关节及运动功能障碍疾病，以及其他不适合高处作业疾患的人员，不得从事高处作业。高处作业人员进行作业前需提供有效的体检报告，体检报告附在《高处作业许可证》后面。

③ 各基层单位与施工单位现场安全负责人应对作业人员进行必要的安全教育，其内容包括所从事作业的安全知识、作业中可能遇到意外时的处理和救护方法等。

④ 应制定应急预案，其内容包括作业人员紧急状况下的逃生路线和救护方法，现场应配备的救生设施和灭火器材等。现场人员应熟知应急预案的内容。

⑤ 高处作业人员应正确佩戴符合国家标准的安全带，安全带应系挂在施工作业处上方的牢固构件上，不得系挂在有尖锐棱角或有可能转动的部位。安全带系挂点下方应有足够的净空，安全带应高挂低用（图 5-4)。在不具备安全带系挂条件时，应增设生命绳、安全网等安全设施，确保高处作业的安全。

图 5-4　安全带高挂低用

⑥ 劳动保护用品应符合高处作业的要求。对于需要戴安全帽进行的高处作业，作业人员应系好安全帽带。原则上禁止穿硬底或带钉易滑的鞋进行高处作业。

⑦ 应根据实际需要配备符合相应的国家安全标准或行业标准安全要求的梯子、挡脚板、跳板、脚手架等设备，并经过验收、挂合格标识牌后方可使用。高处作业平台四周应设置防护栏、挡脚板；临边及洞口四周应设置防护栏杆、警示标志或采取覆盖措施；高处带压堵漏等特殊情况应设置逃生通道。

⑧ 高处作业人员不得站在不牢固的结构物上进行作业，不得在高处做与工作无关事项。在彩钢瓦屋顶、石棉板、瓦棱板等轻型材料上方作业时，必须铺设牢固的脚手板，并加以固定，脚手板上要有防滑措施。

⑨ 高处作业严禁上下投掷工具、材料和杂物等，所用材料应堆放平稳，并设 安全警戒区，安排专人监护。工具在使用时应系有安全绳，不用时应将工具放入工具套（袋）内，高处作业人员上下时手中不得持物。在同一坠落方向上，不得进行上下交叉作业，如需进行交叉作业，中间应设置安全防护层，坠落高度超过 24 m 的交叉作业，应设双层安全防护。

⑩ 高处铺设格栅板、花纹板时，要按照安全作业方案和作业程序，必须按组边铺设边固定；铺设完后，要及时组织检查和验收。

⑪ 因作业需要，临时拆除或变动安全防护设施时，应经作业审批人员同意，并采取相应的防护措施，作业后应立即恢复，重新组织脚手架等验收。

⑫ 在气温高于 35 ℃（含 35 ℃）或低于 5 ℃（含 5 ℃）条件下进行高处作业时，应采取防暑、防寒措施；当气温高于 40 ℃时，应停止室外高处作业。

⑬ 在邻近地区设有排放有毒、有害气体及粉尘超出允许浓度的烟囱及设备的场合，严禁进行高处作业。有毒有害、易燃易爆、粉尘的环境中进行高处作业时，应对作业点进行检测，检测结果不合格不得作业。如在允许浓度范围内，也应采取有效的防护措施，预先与作业所在地有关人员取得联系，确定联络方式，并为作业人员配备必要且符合相关国家标准的防护器具（如空气呼吸器、过滤式防毒面具或口罩等）。

⑭ 雨、雪天作业时应采取防滑、防寒措施；遇有不适宜高处作业的恶劣气象条件（六级及以上大风、雷电、暴雨、大雾等）时，严禁露天高处作业；暴风雪、台风、暴雨后，应对作业安全设施进行检查，发现问题立即处理。

⑮ 作业场所光线不足时，应对作业环境设置照明设备，确保作业需要的能见度。

⑯ 同一垂直方向交叉作业，应采取“错时错位硬隔离”的管理和技术措施。

⑰ 应推进标准化作业，尽可能降低和减少高处作业的频次和时间。

⑱ 高处作业活动范围与危险电压带电体的距离应符合规定（表 5-23）。

表 5-23　作业活动范围与危险电压带电体的距离

危险电压带电体的电压等级 /kV	≤ 10	35	63 ～ 110	220	330	500
距离 /m	1.7	2.0	2.5	4.0	5.0	6.0

知识链接 3：许可证的管理

许可证一式四联，签发单位留存第一联，施工单位作业人员持有第二联，监护人员持有第三联，第四联由施工单位送至控制室或岗位固定位置。作业完工验收后，许可证由安全部门保存，保存期为 1 年。

许可证的有效期为作业项目一个周期，最长有效期不得超过3天。当作业中断，再次作业前，应重新对环境条件和安全措施予以确认；当作业内容和环境条件变更时，需要重新办理许可证。

知识链接4：相关人员职责

（1）作业人员职责

① 在作业前充分了解作业的内容、地点（位号）、时间和作业要求，熟知作业中的危害因素和许可证中的安全措施。

② 持有有效的《高处作业许可证》，并对许可证上的安全防护措施确认后，方可进行高处作业。

③ 对安全措施不落实而强令作业时，作业人员应拒绝作业，并向上级报告。

④ 在作业中如发现异常或感到不适等情况，应及时发出信号，并迅速撤离现场。

（2）监护人员职责

① 了解作业区域或岗位的生产过程，熟悉工艺操作和设备状况；了解周边环境和风险，熟悉应对突发事件的处置程序。

② 接到许可证后，应在技术人员和单位负责人的指导下，逐项检查落实安全措施。

③ 应佩戴明显标志，当发现高处作业内容与许可证不符合，或者相关安全措施不落实时，有权制止作业；作业过程中出现异常时，应及时采取措施，有权终止作业。

④ 作业过程中，监护人不得随意离开现场，确需离开时，收回许可证，暂停作业。

知识链接5：安全带的正确使用

当坠落事故发生时，安全带首先能够防止作业人员坠落，利用安全带、安全绳、金属配件的联合作用将作业人员拉住，使之不坠落掉下。

（1）安全带分类

① 根据使用条件的不同，安全带可分为围杆作业安全带、区域限制安全带、坠落悬挂安全带三类；

② 根据形式的不同，安全带可分为腰带式安全带、半身式安全带、全身式安全带三类。

（2）防高空坠落防护系统

防高空坠落防护系统包括三部分：挂点及挂点连接件；中间连接件；全身式安全带。

全身式安全带的使用方法：

第一步：握住安全带的前部D形环。抖动安全带，使所有的编织带回到原位。如果胸带、腿带和腰带被扣住时，则松开编织带并解开带扣。

第二步：将胸带背在双肩。

第三步：拉住前部D形环把肩带由背后拉起、分开后从头部套入，让前部、后部D形环处于两肩中间的位置。

第四步：从两腿之间穿出腿带，扣好带扣。按同样的方法扣好第二根腿带。

第五步：扣好腰带，腰带必须处于胸带上方。

第六步：全部组件都扣好后，收紧所有带子，让安全带尽量贴紧身体，但又不会影响活动。将多余的带子穿到带夹中防止松脱。

（3）安全带挂点选择判断

安全带挂点选择判断如图 5-5 所示。

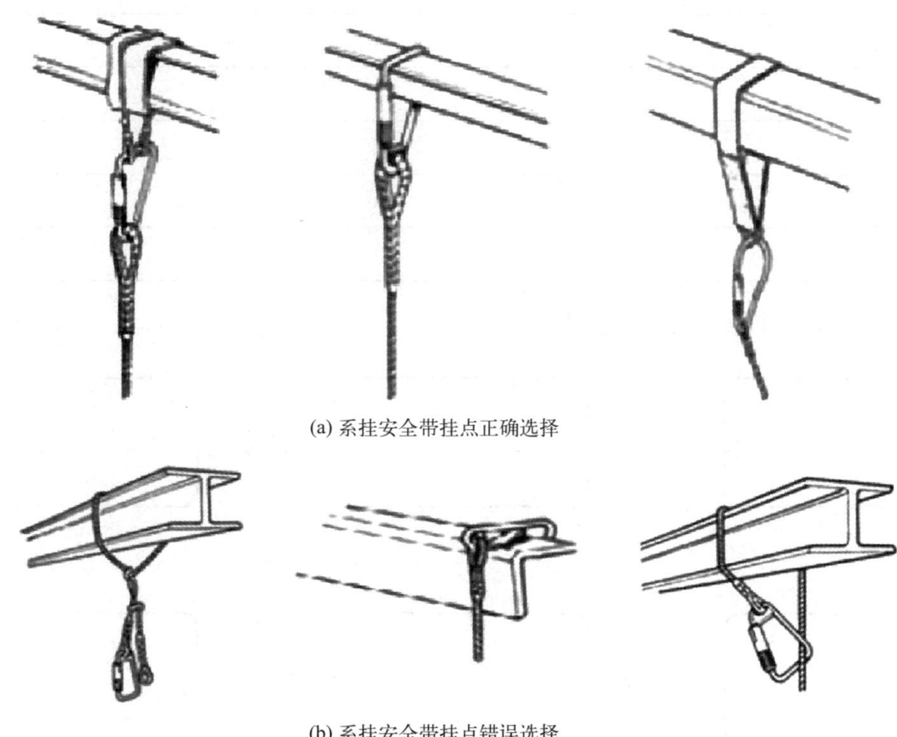

(a) 系挂安全带挂点正确选择

(b) 系挂安全带挂点错误选择

图 5-5 安全带挂点选择判断

七、任务计划和任务准备

1. 小组讨论，并从人员操作、作业环境、有毒有害物质、设备和工具等方面分析本次作业存在的危险因素并提出防护措施（表 5-24）。

表 5-24 危险因素与防护措施

序号	危险因素	危害后果	防护措施
1			
2			
3			
4			
5			
6			
7			
8			

2. 小组讨论，从个人防护、岗位职责、作业流程规范与安全要求等方面提出实施本次任务时的注意事项。

（1）__________

（2）__________

（3）__________

（4）__________

（5）__________

（6）__________

3. 制定完成本次任务的工作流程。

4. 实施本次任务，需准备的防护用品和工具如表 5-25 所示。

表 5-25　个人防护用品和工具清单

序号	项目	名称及规格	数量	分工
1	作业工具			
2	个人防护用品			

续表

序号	项目	名称及规格	数量	分工
3	消防器材			
4	备品配件			

八、任务实施与评价

《高处作业许可证》见表 5-26。

表 5-26　《高处作业许可证》

<table>
<tr><td colspan="8">高处作业许可证</td></tr>
<tr><td colspan="8">许可证编号：</td></tr>
<tr><td colspan="8">在 30 m 以上的Ⅳ级高处作业，必须由主管领导和安全部门审核签发</td></tr>
<tr><td>申请作业单位</td><td colspan="7"></td></tr>
<tr><td>作业名称</td><td colspan="3"></td><td colspan="2">作业级别</td><td colspan="2"></td></tr>
<tr><td>作业人</td><td colspan="7"></td></tr>
<tr><td>作业负责人</td><td></td><td>监护人</td><td></td><td>填写人</td><td colspan="3"></td></tr>
<tr><td>作业内容</td><td colspan="7"></td></tr>
<tr><td>作业时间</td><td colspan="7">年　　月　　日　　时　　分至　　年　　月　　日　　时　分</td></tr>
<tr><td colspan="8">如果作业条件、工作范围等发生异常变化，必须立即叫停工作，本许可证作废</td></tr>
<tr><td colspan="8">以下所有注意事项必须确认签名</td></tr>
<tr><td colspan="7">作业必要条件</td><td>确认人</td></tr>
<tr><td>1</td><td colspan="6">患有高血压、心脏病、贫血病、癫痫病等不适合于高处作业的人员，不得从事高处作业</td><td></td></tr>
<tr><td>2</td><td colspan="6">高处作业人员着装符合要求，戴好安全帽，衣着灵便，禁止穿硬底和带钉易滑鞋</td><td></td></tr>
<tr><td>3</td><td colspan="6">作业人员佩戴安全带，严禁用绳子捆在腰部代替安全带</td><td></td></tr>
<tr><td>4</td><td colspan="6">作业人员随身携带的工具、零件、材料等必须装入工具袋</td><td></td></tr>
<tr><td>5</td><td colspan="6">邻近地区有排放有毒、有害气体及粉尘超标烟囱及设备的场所，严禁高处作业</td><td></td></tr>
<tr><td>6</td><td colspan="6">6 级风以上和雷电、暴雨、大雾等恶劣气候条件下，禁止进行露天高处作业</td><td></td></tr>
<tr><td>7</td><td colspan="6">高处作业场所离架空电线保持规定的安全距离（高处作业人员据普通电线 1 m 以上，普通高压线 2.5 m 以上，并要防止运送来的导体碰到电线）</td><td></td></tr>
<tr><td>8</td><td colspan="6">现场搭设的脚手架、防护围栏符合安全规程</td><td></td></tr>
<tr><td>9</td><td colspan="6">垂直分层作业中间有隔离措施</td><td></td></tr>
<tr><td>10</td><td colspan="6">梯子或绳梯符合安全规程规定</td><td></td></tr>
</table>

续表

<table>
<tr><td colspan="2">作业必要条件</td><td colspan="2">确认人</td></tr>
<tr><td>11</td><td>在石棉瓦等不承重物上作业应搭设固定承重板，并站在承重板上</td><td colspan="2"></td></tr>
<tr><td>12</td><td>高处作业应有充足的照明，安装临时灯、防爆灯</td><td colspan="2"></td></tr>
<tr><td>13</td><td>Ⅳ级高处作业配有通信工具</td><td colspan="2"></td></tr>
<tr><td>14</td><td>其他措施：</td><td colspan="2"></td></tr>
<tr><td colspan="4">补充措施：</td></tr>
<tr><td colspan="4">许可证的签发</td></tr>
<tr><td colspan="2">作业负责人意见：　　签字：</td><td colspan="2">作业所在单位负责人意见：　　签字：</td></tr>
<tr><td colspan="2">现场负责人意见：　　签字：</td><td colspan="2">分厂单位领导意见：　　签字：</td></tr>
<tr><td colspan="4">安全监管部门意见：　　签字：</td></tr>
<tr><td>完工验收</td><td colspan="2">年　月　日　时　分</td><td>签字：</td></tr>
<tr><td colspan="4">注：1. 本票最长有效期 7 天，一个施工点一票。
2. 作业负责人负责将本票向所有涉及作业人员解释，所有人员必须在本票上面签字。
3. 此票一式三联，作业负责人随身携带一份，签发人、安全人员各一份。
4. Ⅳ级：30 m 以上；Ⅲ级：15 ～ 30 m；Ⅱ级：5 ～ 15 m；Ⅰ级：2 ～ 5 m。</td></tr>
</table>

1. 小组互评（表 5-27）

表 5-27　任务评分表

序号	考核项目	考核内容	得分
1	许可证办理（10 分）	作业负责人办理《高处作业许可证》（10 分）	
2	防护措施（10 分）	选择个人防护用品、工具、安全措施（10 分）	
3	作业环境准备（30 分）	监护人现场拉设警戒线，设立“严禁进入”标志牌（5 分）	
		作业人员选择物品（10 分）	
		作业人员安全带的检查和正确使用（10 分）	
		作业负责人填写《高处作业许可证》（5 分）	
4	作业过程（35 分）	监护人必须距离作业人员 3 m 以内，必须在黄线以内，必须在警戒线以内（5 分）	
		作业人员严格按照操作规程作业（30 分）	
5	清理现场（15 分）	作业人员作业完成后，清理现场，归还个人防护用品，归还工具，恢复安全措施（10 分）	
		清理装置区，保持干净整洁（5 分）	
总分			

2. 教师评价（表 5-28）

表 5-28　考核评价表

项目名称	评价内容	得分
职业素养 （30 分）	积极参加教学活动，按时完成工作活页（10 分）	
	团队合作（10 分）	
	保持现场整洁（10 分）	
专业能力 （70 分）	引导问题回答正确（20 分）	
	操作过程规范、熟练（40 分）	
	无不安全、不文明操作（10 分）	
总分		
本次任务得分	小组互评 ×70% + 教师评价 × 30%	

3. 评价与分析

任务完成后，根据任务实施情况，分析存在的问题及原因（表 5-29）。

表 5-29　任务实施情况分析表

任务实施过程	存在的问题	原因

学生签字：	教师签字：
	年　　月　　日

任务五　动土作业

一、学习情境

动土作业是指挖土、打桩、钻探、坑探、地锚入土深度在 0.5 m 以上，使用推土机、压路机等施工机械进行填土或平整场地等可能对地下隐蔽设施产生影响的作业。在化学品生产企业中，动土作业是一项较为普遍的作业活动，危险性大，极易造成地下隐蔽设施损坏，甚至发生人身伤亡事故。掌握动土作业相关知识和操作技能，了解安全操作规程和应急处理措施，对于减少事故发生、确保施工安全具有十分重要的意义。

二、学习目标

知识目标

1. 了解动土作业的定义、分类、特点等。
2. 熟悉动土作业的相关设备和工具。
3. 了解动土作业的作业流程和安全要求。

能力目标

1. 能够根据工程需要，独立制定动土作业方案，并组织实施。
2. 能够分析动土作业中可能存在的风险，并制定相应的预防措施。

素质目标

1. 培养安全意识，严格遵守安全规定和操作规程，提高在动土作业中的安全防范能力。
2. 培养责任意识，对自己的工作负责，确保动土作业的质量和安全。
3. 培养团队合作精神，与其他工作人员保持良好的合作关系，共同完成工作任务。

三、任务描述

某化工企业在检修过程中需要进行地下管道开孔打磨作业，现需要你班组完成此次动土作业。

四、任务分组

人员分工如表 5-30 所示。

表 5-30 人员分工表

成员	姓名	学号	角色分工
组长			
小组成员			

五、引导问题

事故案例 1：2010 年 7 月 28 日，某公司在南京市一工厂旧址平整拆迁土地过程中，挖掘机挖穿了地下丙烯管道，丙烯气体泄漏后遇到明火发生爆燃。事故共造成 13 人死亡、120 人住院治疗（重伤 14 人）。事故还造成周边近 2 km^2 范围内的 3000 多户居民住房及部分商店玻璃、门窗不同程度破碎，建筑物外立面受损，部分钢架大棚坍塌。事故原因：现场施工安全管理缺失，施工队伍盲目施工。现场作业负责人在明知拆除地块内有地下丙烯管道的情况下，没有掌握地下丙烯管道的位置和走向，违章指挥，野蛮操作，造成管道被挖穿。

事故案例 2：2019 年 4 月 10 日 9 时 30 分左右，江苏扬州市一停工工地上，施工单位擅自进行基坑作业时发生局部坍塌，造成 5 人死亡、1 人受伤。事故直接原因：施工单位在未按施工设计方案、未采取防坍塌安全措施的情况下，擅自在住宅楼基坑边坡脚垂直超深开挖电梯井集水坑，导致降低了基坑坡体的稳定性，且坍塌区域坡面挂网喷浆混凝土未采用钢筋固定。

问题 1：根据以上事故案例，分析动土作业的典型危害有哪些。

____

____

____

问题 2：结合动土作业的典型危害，在动土作业中，为什么要进行施工现场勘查？勘查时应考虑哪些因素？

____

____

____

问题 3：在动土作业中，如何避免对周边环境和设施造成破坏？

____

____

____

问题 4：化工企业动土作业的基本流程是什么？请简述每一步的操作要点。

____

____

____

问题 5：化工企业动土作业中有哪些特别需要注意的事项或操作细节？

____

____

____

问题 6：在紧急情况下，如何有效组织人员疏散和救援？

____

____

____

六、知识链接

知识链接 1：动土作业的主要安全措施

（1）项目规划与审批

在动土作业开始前，应进行详细的工程勘察，明确地下管线、地质情况等信息，并制定详细的施工方案。施工方案应提交给相关部门进行审批，确保作业符合法规要求，并获得必要的许可和批准。同时，对作业过程中可能出现的风险因素进行评估，制定应对措施。

（2）办理作业许可证

动土作业应办理《动土作业许可证》，未办理《动土作业许可证》禁止动土作业。

（3）人员教育与培训

对参与动土作业的人员进行安全教育和培训至关重要。培训内容包括作业过程中的安全操作规范、应急救援措施、机械设备操作方法等。通过培训，提高作业人员的安全意识和操作技能，减小事故发生的可能性。

（4）现场安全标志

动土作业现场应设置明显的安全警示标志，如禁止入内、当心坠落、注意机械伤害等，以提醒作业人员注意安全，并标明作业区域、危险区域、安全通道等。同时，应设置必要的防护设施，如防护栏、安全网等，防止人员坠落或物体打击。

（5）工具设备检查

确保使用的工具、设备符合安全要求，并进行定期检查和维护。机械设备操作人员应经过专业培训，熟悉设备的操作规程和注意事项。在作业过程中，机械设备应保持稳定，避免发生倾覆、碰撞等事故。

（6）地下设施保护

在动土开挖前应先做好地面和地下排水，防止地面水渗入作业层面造成塌方。还要检查施工现场支撑是否牢固完好，发现问题应及时处理。要考虑挖掘震动对墙体基础产生的影响，必要时要打钢板桩。动土作业邻近地下隐蔽设施时应使用适当工具挖掘，避免损坏地下隐蔽设施，在挖掘临近化学品生产设施或其他重要设施时，应特别注意避免损坏设施或引发安全事故。如暴露出电缆管线以及不能辨认的物品时应立即停止作业，妥善加以保护并报告动土审批单位处理。经采取措施后方可继续动土作业。

（7）作业人员防护

动土作业人员应正确穿戴个人防护装备，包括安全帽、防护眼镜、防护口罩、防护手套和防滑鞋等。

（8）遵守作业规程

挖掘作业应严格按照挖掘方案进行，避免盲目挖掘或超挖。挖掘过程中应注意观察挖掘面的稳定性，确保挖掘边坡的安全可靠。同时，应及时清理挖掘出的土方或废弃物，确保作业现场整洁有序。

（9）环境与通风检测

在动土作业过程中，应定期对环境进行检测，包括空气质量、噪声、尘土等的监测。对于密闭、通风不良或者可能产生有毒有害气体或粉尘的作业区域，应设置通风设施，确保作业环境符合安全要求。

（10）应急救援准备

制定详细的应急救援预案，明确各类事故的应急处置程序和责任人。同时，应配备必要的应急救援设备和物资，如灭火器、急救箱、安全帽等。在作业过程中，应定期组织应急救援演练，提高作业人员的应急反应能力和处置水平。

（11）其他注意事项

① 当动土区域内可能存在有害气体时，必须进行有害气体检测，并确保足够的氧气含量；

② 动土时施工单位应指定专职的监护人员一直在现场监护；

③ 动土区域四周必须有合适的支撑和放坡，两人以上作业人员同时动土时应相距 2 m 以上，防止工具伤人；

④ 作业人员发现异常时应立即撤离作业现场；

⑤ 进行夜间动土作业，必须保证有足够的照明，如果作业区域夜间没有进行作业，且现场存在照明不良的情况，应设立警示灯；

⑥ 在化工危险场所动土，应与有关操作人员建立联系，当化工装置突然排放有害物质时，化工操作人员应立即通知动土作业人员停止作业迅速撤离现场；

⑦ 在生产装置区、罐区等危险场所动土时，遇有埋设的易燃易爆、有毒有害介质管线、窨井等可能引起燃烧、爆炸、中毒、窒息，且挖掘深度超过 1.2 m 时，应执行受限空间作业相关规定；

⑧ 施工结束后应及时回填土石，并恢复地面设施。

知识链接 2:《动土作业许可证》（简称作业证）的办理流程和作业证管理

化学品生产单位设备检修过程中的动土作业必须办理《动土作业许可证》。

（1）办理流程

① 动土所在单位根据工作任务到现场检查核实，在平面图纸上标出动土的地点，会同作业单位完成动土作业风险分析，制定施工方案或安全措施。

② 动土所在单位根据施工方案或风险分析结果，填写好《动土作业许可证》，落实安全措施，并附上动土平面图。

③ 动土所在单位向水、电、气、工艺、设备、消防安全管理等部门申请动土作业，相关部门对现场确认后会签，并对作业区域的地下情况进行交底。根据作业区域地质、水文、地下排水管线、埋地燃气管道、埋地电缆、埋地电信测量用的永久性标志地址和地震部门设置的长期观测孔不明物等情况，向动土所在单位提出具体要求。

④ 动土所在单位将安全作业证交给工程管理部门审批，审批完毕对现场作业人员进行安全交底。

⑤ 作业结束后，作业负责人和动土所在单位相关人员在完工验收栏中签名，关闭作业证。

（2）《动土作业许可证》的管理

① 作业证一式三联，第一联由现场作业人员持有，第二联交动土所在单位保存，第三联由工程管理部门留存；

② 一个作业点、一个作业周期、同一作业内容应办理一张作业证；

③ 禁止涂改和转借作业证，作业内容变更、作业范围扩大、作业地点转移或超过有效期限以及作业环境条件或工艺条件改变时应重新办理作业证；

④ 作业证保存周期为一年；

⑤ 需要注意的是，如果动土作业涉及动火、临时用电、受限空间等作业时应办理相应的作业证。

知识链接 3：动土作业相关人员的工作职责

（1）作业申请人

① 提出动土作业申请，办理作业证；

② 协调落实动土作业安全措施；

③ 组织实施动土作业；

④ 对作业人员进行相关技能培训；

⑤ 对相关安全措施的完整性和可靠性负责。

（2）作业批准人

① 向施工单位提供现场相关信息和特殊要求；

② 核实安全措施，提供动土作业安全的必要条件；

③ 批准或取消《动土作业许可证》；

④ 对动土作业现场安全管理负责。

（3）技术负责人

① 了解施工现场的基本状况，识别可能存在的各种风险；

② 制定施工方案，选择和实施保护措施；

③ 采取纠正措施，消除隐患及危害；

④ 对动土作业现场安全技术措施的有效性负责。

（4）监护人

动土作业期间，生产单位和施工单位应指派了解施工区域现场地下设施的人员进行监护，并填写监护记录，当作业环境发生变化、安全措施未落实或发生事故时，应及时取消作业许可，停止作业，并应通知相关方。

了解作业的内容、地点、时间、要求，熟知作业过程中的危害因素及控制措施，确保在紧急情况下能够迅速反应，有效处置；在安全措施未落实时，有权拒绝作业。

作业过程中如发现情况异常，应告知作业负责人，并迅速撤离现场。

七、任务计划和任务准备

1. 小组讨论，并从人员操作、作业环境、有毒有害物质、设备和工具等方面分析本次作业存在的危险因素并提出防护措施（表 5-31）。

表 5-31　危险因素与防护措施

序号	危险因素	危害后果	防护措施
1			
2			
3			
4			

续表

序号	危险因素	危害后果	防护措施
5			
6			
7			
8			

2. 小组讨论，从个人防护、岗位职责、作业流程规范与安全要求等方面提出实施本次任务时的注意事项。

（1）____________________

（2）____________________

（3）____________________

（4）____________________

（5）____________________

（6）____________________

3. 制定完成本次任务的工作流程。

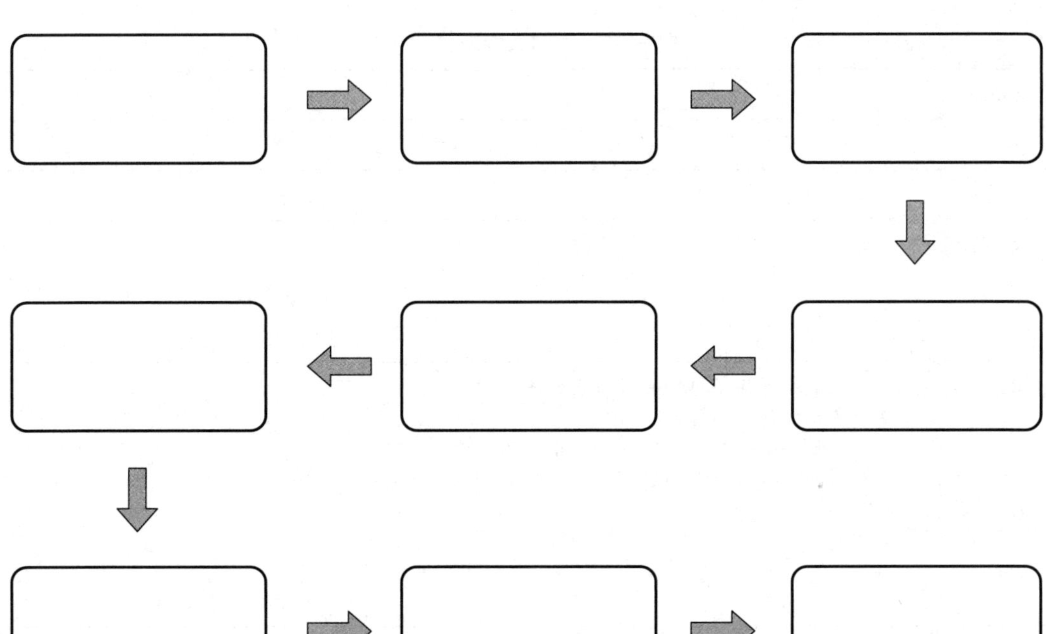

4. 实施本次任务，需准备的防护用品和工具见表 5-32。

表 5-32　个人防护用品和工具清单

序号	项 目	名称及规格	数量	分工
1	作业工具			
2	个人防护用品			
3	消防器材			
4	备品配件			

八、任务实施与评价

《动土作业许可证》见表 5-33。

表 5-33　《动土作业许可证》

申请部门：	
施工单位：	作业地点：
作业起止时间：　　年　月　日　时至　　年　月　日　时	
动土范围、内容、形式： 基建负责人：	
动土安全措施：1. 施工开挖机械和运输车辆运行情况良好 2. 开挖机械作业人员持证上岗 3. 施工现场围挡防护，作业时设专人指挥和监护施工 4. 确认施工现场地下无管线、电缆及其他地下设施方准施工 补充事项： 施工负责人：	
建设单位意见： 部门负责人签字：	

续表

电仪车间意见： 地下有无电缆和其他线路： 部门负责人签字：
技改部门意见： 地下有无管线和其他地下设施： 部门负责人签字：
调度室意见： 部门负责人签字：
安全环保部门意见： 部门负责人签字：

1. 小组互评（表 5-34）

表 5-34　任务评分表

序号	考核项目	考核内容	得分
1	作业证办理（10 分）	作业负责人办理《动土作业许可证》（10 分）	
2	防护措施（10 分）	选择个人防护用品、工具、安全措施（10 分）	
3	作业环境准备（30 分）	监护人现场拉设警戒线，设立“严禁进入”标志牌，警戒线必须在黄线以内（5 分）	
		作业人员选择物品（10 分）	
		作业人员安全带的检查和正确使用（10 分）	
		作业负责人（班长）填写《动土作业许可证》（5 分）	
4	作业过程（35 分）	监护人必须距离作业人员 3 m 以内，必须在警戒线以内（5 分）	
		作业人员严格按照作业流程作业（30 分）	
5	清理现场（15 分）	作业完成后，清理现场，归还个人防护用品，归还工具，恢复安全措施（10 分）	
		清理装置区，保持干净整洁（5 分）	
总分			

2. 教师评价（表 5-35）

表 5-35　考核评价表

项目名称	评价内容	得分
职业素养（30 分）	积极参加教学活动，按时完成工作活页（10 分）	
	团队合作（10 分）	
	保持现场整洁（10 分）	
专业能力（70 分）	引导问题回答正确（20 分）	
	操作过程规范、熟练（40 分）	
	无不安全、不文明操作（10 分）	
总分		
本次任务得分	小组互评 ×70% + 教师评价 ×30%	

3. 评价与分析

任务完成后，根据任务实施情况，分析存在的问题及原因（表 5-36）。

表 5-36　任务实施情况分析表

任务实施过程	存在的问题	原因

学生签字：	教师签字：
	年　月　日

参考文献

[1] 中华人民共和国国家市场监督管理总局，中国国家标准化管理委员会. 防护服装　化学防护服：GB 24539—2021 [S]. 北京：中国标准出版社，2022.

[2] 中华人民共和国国家质量监督检验检疫总局，中国国家标准化管理委员会. 防护服装　化学防护服的选择、使用和维护：GB/T 24536—2009 [S]. 北京：中国标准出版社，2010.

[3] 中华人民共和国国家质量监督检验检疫总局，中国国家标准化管理委员会. 呼吸防护用品的选择、使用与维护：GB 18664—2002 [S]. 北京：中国标准出版社，2004.

[4] 中华人民共和国应急管理部. 危险化学品企业特殊作业安全规范：GB 30871—2022 [S]. 北京：中国标准出版社，2022.

[5] 中华人民共和国工业和信息化部. 化工企业安全卫生设计规范：HG 20571—2014 [S]. 北京：化学工业出版社，2014.

[6] 中华人民共和国国家卫生和计划生育委员会. 工作场所防止职业中毒卫生工程防护措施规范：GBZ/T 194—2007 [S]. 北京：人民卫生出版社，2008.

[7] 中华人民共和国住房和城乡建设部，中华人民共和国国家质量监督检验检疫总局. 石油化工企业设计防火规范：GB 50160—2008 [S]. 北京：中国计划出版社，2009.

[8] 中华人民共和国国家质量监督检验检疫总局，中国国家标准化管理委员会. 爆炸危险场所防爆安全导则：GB/T 29304—2012 [S]. 北京：中国标准出版社，2013.

[9] 中华人民共和国国家卫生健康委员会. 工作场所有害因素职业接触限值　第 1 部分：化学有害因素：GBZ 2.1—2019 [S]. 北京：中国标准出版社，2020.

[10] 刘景良. 化工安全技术 [M]. 5 版. 北京：化学工业出版社，2024.